THE TIMES SAMURAI Su Doku Book 6

100 extreme puzzles for the fearless Su Doku warrior

THE TIMES

SAMURAI

Su Doku

Book 6

100 extreme puzzles for the fearless Su Doku warrior

HarperCollins Publishers
Westerhill Road
Bishopbriggs
Glasgow G64 2QT
www.harpercollins.co.uk

HarperCollins*Publishers*
Macken House,
39/40 Mayor Street Upper,
Dublin 1, D01 C9W8
Ireland

This book is produced from independently certified FSC™ paper to ensure responsible forest management.
For more information visit: www.harpercollins.co.uk/green

10 9

ISBN 978-0-00-822894-1

Layout by Puzzler Media

Printed and bound in the UK using 100% Renewable Electricity at CPI Group (UK) Ltd

A catalogue record for this book is available from the British Library.

If you would like to comment on any aspect of this book, please contact us at the above address or online.

E-mail: puzzles@harpercollins.co.uk

Contents

Instructions for Solving Samurai Su Doku

Samurai Su Doku is an aptly named variation of regular Su Doku, overlapping five standard 9x9 grids to form one large, jumbo-sized puzzle. Each 9x9 grid follows the usual rules of Su Doku, namely that each row, column and bold-lined 3x3 box must contain all of the digits from 1 to 9 exactly once each. Unlike five separate puzzles, however, the five grids in a Samurai Su Doku must be solved simultaneously. In other words, the five grids make up just one single puzzle, and if you do not consider them all together then there will not be a unique solution.

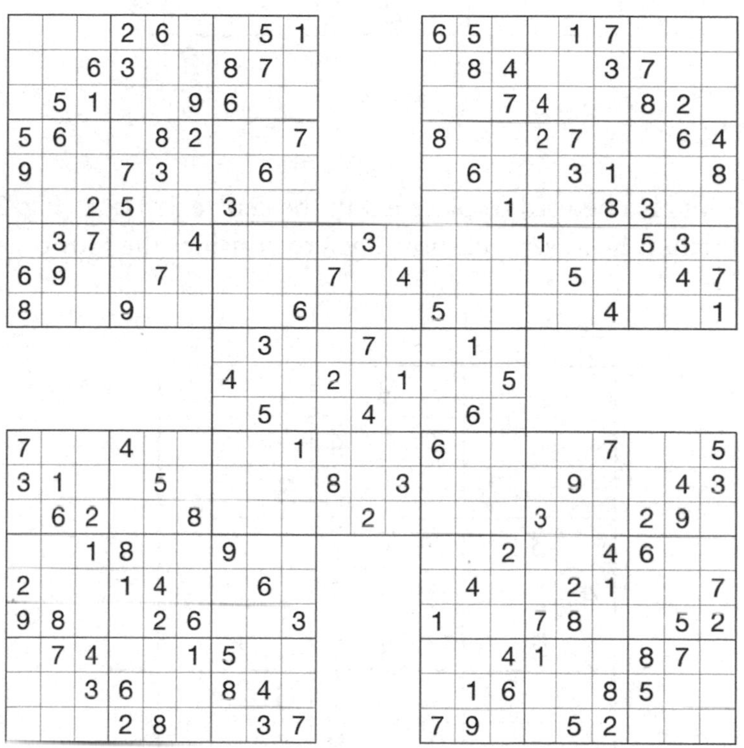

Fig. 1

Take a look at the Samurai puzzle above (Fig. 1). It's tempting to start with the centre grid, since this will provide help for all four of the corner grids, but at the moment there is very little that can be deduced if you try to solve it in isolation as a normal Su Doku puzzle. You can, however, place a 1 in the centre-left 3x3 box by remembering that every digit must occur exactly once in each row, column and 3x3 box, which means that five of the empty squares in that box can be eliminated as possible locations (Fig. 2).

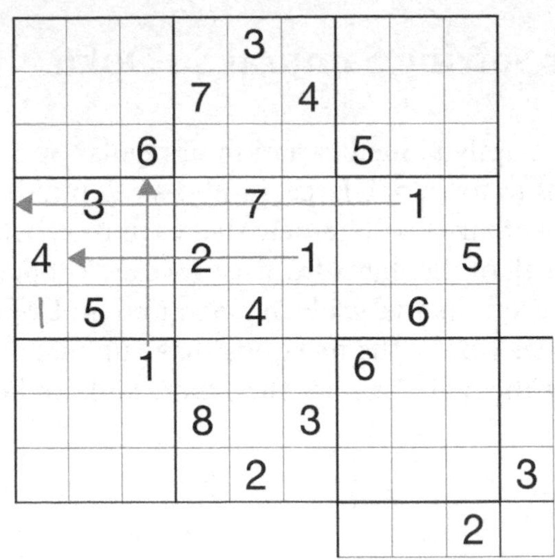

Fig. 2

Similar logic can also be used to place a 3 in the centre 3x3 box (Fig. 3).
To progress further, however, you now need to consider the four other grids.

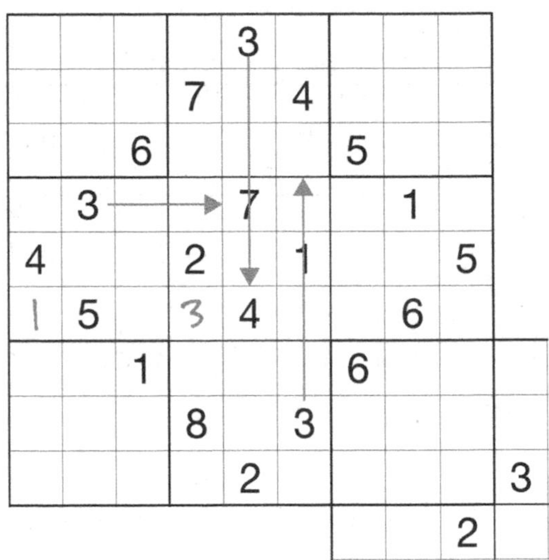

Fig. 3

Where the top-left and centre grids overlap, you can make a deduction using logic that is unique to Samurai Su Doku. Specifically, in the 3x3 box that is shared between the two grids, you can work out where the 3 must go by eliminating options using both the top-left and the centre grids simultaneously (Fig. 4).

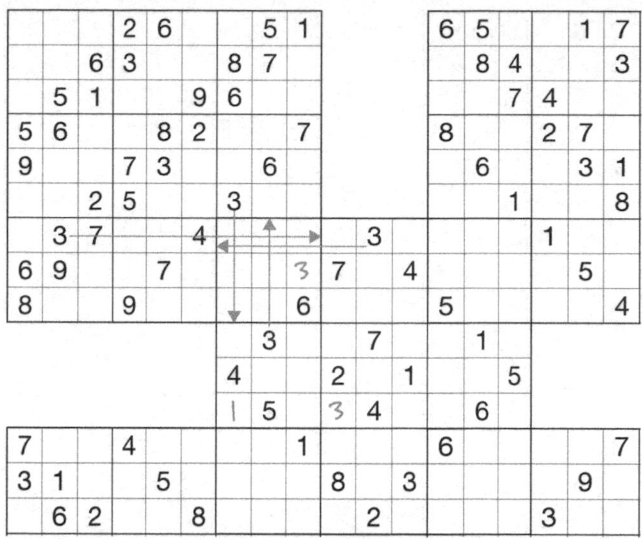

Fig. 4

Sharing information between the grids is essential when solving Samurai Su Doku. Even when you aren't certain of the exact location of a digit, just knowing which squares it definitely doesn't go in can be useful. Consider, for example, the location of the 3 in the top-right 3x3 box of the centre grid. The 3 can fit in only one of two squares, which you can make note of by using small pencil marks (Fig. 5).

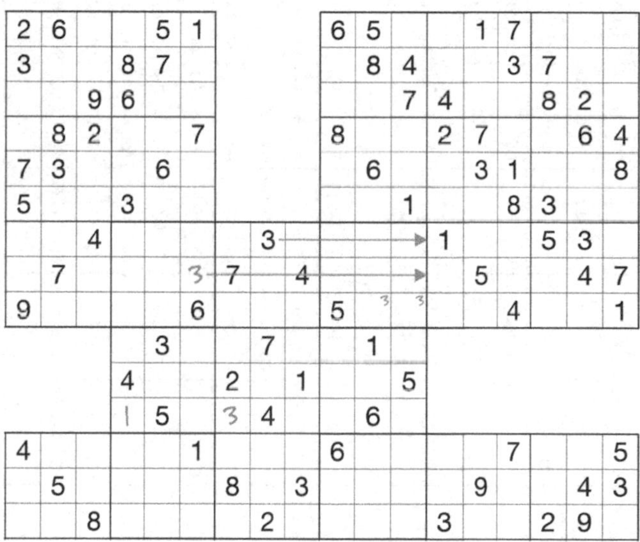

Fig. 5

You can then use this deduction to place a 3 in the top-right grid, in the centre-bottom 3x3 box (Fig. 6). Making pencil marks in this way can be very helpful, especially when solving the harder puzzles, since it saves you from having to remember all of your intermediate deductions as you work your way around the puzzle.

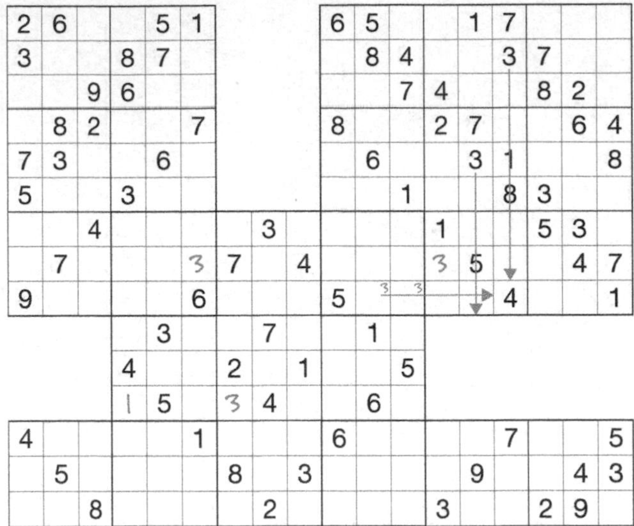

Fig. 6

Using similar solving techniques you can now complete the whole of the top-right grid (Fig. 7).

2	6			5	1				6	5	2	8	1	7	4	9	3
3			8	7					9	8	4	5	2	3	7	1	6
		9	6						3	1	7	4	9	6	8	2	5
	8	2			7				8	3	9	2	7	5	1	6	4
7	3			6					4	6	5	9	3	1	2	7	8
5			3						2	7	1	6	4	8	3	5	9
		4					3		7	4	6	1	8	9	5	3	2
	7				3	7		4	1	9	8	3	5	2	6	4	7
9					6				5	2	3	7	6	4	9	8	1
				3			7			1							
			4			2		1			5						
			1	5		3	4			6							
4					1				6					7			5
	5					8		3					9			4	3
		8					2					3			2	9	

Fig. 7

Now that you have all of the digits for the top-right 3x3 box of the centre grid, you can solve most – but not all – of the centre of the puzzle (Fig. 8).

9	1	8	5	3	2	7	4	6	
5	2	3	7	6	4	1	9	8	
7	4	6	19	19	8	5	2	3	
8	3	2	6	7	5	9	1	4	
4	6	9	2	8	1	3	7	5	
1	5	7	3	4	9	8	6	2	
2	8	1	4	5	7	6	3	9	
6	79	4	8	19	3	2	5	17	
3	79	5	19	2	6	4	8	17	3
								2	

Fig. 8

The pencil marks make it clear that there are only two options for each unsolved square in the centre grid, but if you were to guess and pick one of the two then you'd discover that in fact both options will work – as the centre grid stands at the moment, there are currently two solutions. This is why it's essential to solve all five grids together, because if you don't do so then you won't end up with the correct, unique solution to the overall puzzle.

At this stage you have now found all of the shared digits that might be required in order to complete the top-left grid, so you can go ahead and solve this using standard Su Doku techniques (Fig. 9).

3	8	9	2	6	7	4	5	1	
4	2	6	3	1	5	8	7	9	
7	5	1	8	4	9	6	3	2	
5	6	3	4	8	2	1	9	7	
9	4	8	7	3	1	2	6	5	
1	7	2	5	9	6	3	8	4	
2	3	7	6	5	4	9	1	8	5
6	9	4	1	7	8	5	2	3	7
8	1	5	9	2	3	7	4	6	19
						8	3	2	6

Fig. 9

At this point you can proceed to solve the bottom-right grid, which will resolve the remaining ambiguity in the centre grid. Continuing with standard solving techniques, you can now find the final, unique solution to this Samurai Su Doku puzzle (Fig. 10).

3	8	9	2	6	7	4	5	1				6	5	2	8	1	7	4	9	3
4	2	6	3	1	5	8	7	9				9	8	4	5	2	3	7	1	6
7	5	1	8	4	9	6	3	2				3	1	7	4	9	6	8	2	5
5	6	3	4	8	2	1	9	7				8	3	9	2	7	5	1	6	4
9	4	8	7	3	1	2	6	5				4	6	5	9	3	1	2	7	8
1	7	2	5	9	6	3	8	4				2	7	1	6	4	8	3	5	9
2	3	7	6	5	4	9	1	8	5	3	2	7	4	6	1	8	9	5	3	2
6	9	4	1	7	8	5	2	3	7	6	4	1	9	8	3	5	2	6	4	7
8	1	5	9	2	3	7	4	6	9	1	8	5	2	3	7	6	4	9	8	1
						8	3	2	6	7	5	9	1	4						
						4	6	9	2	8	1	3	7	5						
						1	5	7	3	4	9	8	6	2						
7	5	9	4	6	3	2	8	1	4	5	7	6	3	9	2	4	7	1	8	5
3	1	8	9	5	2	6	7	4	8	9	3	2	5	1	8	9	6	7	4	3
4	6	2	7	1	8	3	9	5	1	2	6	4	8	7	3	1	5	2	9	6
6	4	1	8	3	7	9	5	2				9	7	2	5	3	4	6	1	8
2	3	5	1	4	9	7	6	8				8	4	5	6	2	1	9	3	7
9	8	7	5	2	6	4	1	3				1	6	3	7	8	9	4	5	2
8	7	4	3	9	1	5	2	6				5	2	4	1	6	3	8	7	9
1	2	3	6	7	5	8	4	9				3	1	6	9	7	8	5	2	4
5	9	6	2	8	4	1	3	7				7	9	8	4	5	2	3	6	1

Fig. 10

Dr Gareth Moore, UK Puzzle Association (www.ukpuzzles.org)

Puzzles

Easy

1

					3	8		2				4		3	1					
			6				5						5				9			
		3	9		1			7				9			5		3	1		
	5	1		3		2		9				7		5		3		6	9	
			5		2										9		7			
6		4		9		3	8						9	1		6		7		8
5			8		4										2		4			6
	9				5					1					3				7	
7		8	3														6	5		9
									6		3									
							7			2			5							
									4		7									
8		2	6														9	6		4
	7				8					4					7				2	
1			4		2										6		3			7
4		9		3		8	7						8	6		7		5		9
			8		1										9		6			
	6	8		4		9		2				4		1		3		7	6	
		5	1		9			8				6			8		1	3		
			5				3						1				7			
					7	5		9				5		7	2					

2

1								4				3								6
	5		9		3		7						9		1		3		4	
			5		1										6		8			
	4	3	2		9	6	8						1	8	7		9	6	5	
	6	2	1		7	4	3						5	4	8		2	3	1	
			8		2										9		1			
	7		4		6		1		3		6		7		3		6		2	
4								9	5		2	4								7
							2	1	7		8	3	6							
							5	7	4		9	2	1							
4								2	6		5	8								5
	9		6		3		7		8		3		2		8		5		9	
			4		2										3		6			
	3	6	5		4	8	2						9	1	7		4	8	2	
	1	4	2		9	5	6						6	8	2		9	7	3	
			8		7										4		8			
	4		9		6		5						8		1		7		6	
2								9				2								7

Easy

3

			5	9	1	3	6						6		4		7	2		
								1						8		5				
					2	4								2			1	7	5	4
5				4	9	8		3						9						
	1		6		5		2					3	4	1				8	7	9
4		2	1	8				9										6		
		7	3								7				6			4		
6										3	9					4		5		
	9	5	7	2	4				8						3		5		2	
						8			9				4	2						
										4										
						4	5				6			9						
	9		8		2						8				4	6	5	8	3	
		8		6					5	6										6
		4			7				2								7	4		
		5										5				3	6	2		7
4	7	9				1	3	8					1		7		4		6	
						2						6		3	9	2				4
8	3	2	4			9								1	5					
				5		6						3								
		6	2		9		7						4	9	6	1	8			

4

			3	9				7					3				2	4		
			4			5	8							1		3				7
					7	2	1							4	9		5		6	2
8		9			2			4						6						8
	6			4			5						2						4	
4			5			7		1				7						6		
	3	8	6								7				6		1	5		
	1	4			8					1	8					8		1		
5				3	4				5						4				2	
						7			8				5	1						
										2										
						5	9				1			4						
	5				8						4				3	9				6
		2		6					3	7					1			3	8	
		6	3		4				9								6	9	7	
		1						4				4		1			5			7
	4						9						3			4			5	
9						7						2			7			1		3
5	7		2		3	8							1	6	4					
2				4		1							7	2			9			
		8	6				2					9				2	7			

Easy

5

1				9				8				2				8				1
		4				5								8				5		
	3		5		4		7						3		4		5		8	
		1		2		4								4		7		9		
6			3	7	1			9				5			3	6	2			4
		9		4		1								2		5		7		
	1		7		3					8					8		9		3	
		5																1		
7				8					6		7					4				7
								7		2		8								
						5			4	1	8			7						
								2		5		3								
4				3					5		4					4				6
		2																3		
	3		9		2					7					8		5		7	
		9		4		2								4		6		9		
8			1	2	9			3				2			3	9	4			8
		6		8		1								6		7		1		
	8		2		7		1						8		2		6		1	
		4				5								5				6		
5				9				7				7				3				5

6

		9	2			7								4			1	3		
	6		3	1												3	4		6	
8					5			2				3			5					4
7	5		8		1	9								7	3		2		5	8
	4						6						8						9	
		1	9		4		7	5				5	6		7		9	1		
4			6						5		2						7			1
				2	3					1					8	1				
		3			8				4	8	3				4			8		
							7		6				8							
						6		2		7		4		9						
							3				8		5							
		3			9				1	6	9				7			6		
				7	2					5					5	8				
7			5						8		7						1			7
		5	2		6		3	9				6	8		9		3	5		
	3						8						7						2	
1	2		3		7	6								5	2		7		6	9
4					5			8				7			8					3
	5		7	3												3	2		5	
		6	1			5								6			5	1		

Easy

7

				9			1									5			7	
	4		7			9		5					3		7			1		4
				2		7		8								4		3		6
4					8		7	3				1					2		6	9
		6		5		2								2		3		7		
7	1		4					6				6	5		9					8
3		1		4						4						1				
8		4			9				3								9		8	
	6			1						2						6				
						9					6		7	4						
								5		3		8								
						2	6		8					5						
				1						8						9			2	
	6		9								2				2			7		9
				5						1						6		3		5
7					8		6	5				5					2		9	3
		2		9		8								9		5		1		
1	8		2					4				2	4		3					7
6		4		2								1		5		7				
8		3			4		2					3		4			5		8	
	2			3									2			1				

8

			8		3										2		1			
		5				9								7				6		
	1	3		2			7						4			7		2	5	
5				4				7				8				4				5
		4	2	5	1	8								4	8	6	5	7		
6				8				2				7				1				8
	4			6		7	5		3		8		6	1		2			3	
		6				2								5				4		
			5		8										1		4			
						9			2		5			4						
										9										
						6			7		3			9						
			5		2										5		3			
		3				1								3				4		
	9			4		5	2		4		1		8	7		1			3	
4				8				3				3				8				4
		2	3	1	9	4								2	3	4	1	7		
6				2				7				4				5				6
	4	7		5			3						6			2		8	5	
		6				8								4				9		
			9		1										6		9			

Easy

9

				9	1	7										1	8	9		
					5		1										2		5	
			4		3		8								4		3		2	
9		4				8						7		6				4		
7	2						9	1				5	9						8	6
		5				2		3						2				7		5
	4		7		2					2	8				2		6			
	5		8								1				5					
		7	1	5					7		9				7	8				
						6		5				8								
						2	4						3	1						
								1				2		6						
				9	5				2		3					1	8	4		
					7				6								2		9	
			6		2				4	9					3		4		5	
3		9				2						7		6				8		
6	4						3	5				3	9						4	6
		1				4		9						5				7		3
	6		1		3								5		1		9			
	9		5										6		8					
		3	7	8										8	4	7				

10

								3												5
7			6	2	1	9	5					3			7	2	5	9	4	
	8					6							5					3		
	5			4		8	6						7			9		2	5	
	4		9	5	6		2						6		4	5	2		1	
	1	2		3			9						2	3		8			6	
		8																		
	2	9	3	7	4				5	7	3				6	3	1			
3																				
							1			6		3	2							
							7		8	9	2		4							
							9	2		1			8							
																				2
			5	1	7				6	4	7				2	6	8	4	9	
																		6		
	6			2		5	9						9			3		8	7	
	5		7	3	9		1						4		5	7	6		2	
	3	8		6			7						3	7		2			1	
		1												4					5	
	2	5	3	8	6								1	6	9	8	5			3
3												5								

Easy

Mild

11

	7			9			1						7			8			2	
1	2		5		8		6	9				9	2		7		6		4	1
		9				3								3				6		
	5		4		7		2						4		3		7		5	
7								5				5								2
	1		8		9		3						8		4		5		9	
		6								8								9		
3	9		6		2				7		1				5		1		6	4
	8			4												6			7	
							8		5		4		7							
						3								8						
							1		8		6		2							
	8			3												4			5	
5	3		6		4				6		3				3		2		9	6
		7								5								2		
	7		5		3		4						6		2		1		7	
6								3				2								5
	4		9		6		7						5		8		9		6	
		3				7								6				5		
4	1		3		7		9	8				9	7		6		4		2	8
	9			2			6						2			7			4	

12

			4		8										1		7			
		2	7		9	8								5	8		2	1		
	6						2						6						7	
4	2			1			5	3				3	4			1			8	9
			3		7										2		5			
8	7			4			6	9				5	8			3			6	1
	5								2		1								3	
		6	1		4				6		9				9		8	6		
			6		3										3		4			
						9	6			2			1	5						
									5		6									
						7	4			9			3	2						
			3		1										4		2			
		1	5		7				8		4				7		9	2		
	6								9		5								8	
2	3			7			8	1				9	3			7			2	4
			8		2										9		3			
5	8			4			7	2				8	5			4			3	1
	1						6						1						5	
		8	7		5	4								3	5		8	4		
			9		6										6		7			

Mild

13

	9	6	3				1						2				3	1	5	
5								2				5								9
3			9	1	2										1	2	5			6
7		2		9		5								3		5		6		4
		3	5		4	2								9	2		6	7		
		9		8		6		1				6		5		1		9		
			1	2	5				1		3				6	8	1			
1										4										8
	2				6										7				6	
						6			9		1			7						
							4			6			8							
						7			2		4			5						
	1				2										7				2	
8										1										9
			5	8	3				7		6				2	3	6			
		8		1		5		7				7		2		1		3		
		7	3		8	6								4	9		2	1		
2		4		7		3								5		8		6		2
3			7	9	4										5	6	3			1
7								2				8								6
	4	1	2				9						3				9	7	4	

14

Top-left grid:

				7				
		4	6		8	5		
	8		9		3		6	
	9	8				3	1	
1				6				5
	6	5				2	4	
	7		8		1			
		6	7		5			
				9				

Top-right grid:

				1				
		7	5		2	1		
	8		3		7		6	
	1	3				6	5	
6				5				3
	5	9				2	8	
			6		9		2	
			1		3	7		
				2				

Centre grid:

				8				
			7		1			
			6		3			
	8	6				2	4	
7				6				9
	1	9				7	6	
			8		7			
			3		6			
				5				

Bottom-left grid:

				4				
		5	9		1			
	4		3		8			
	6	2				8	1	
4				3				6
	9	3				7	2	
	7		1		9		5	
		8	4		6	1		
				7				

Bottom-right grid:

				8				
			6		3	2		
			2		5		9	
	2	6				5	3	
5				2				1
	7	1				6	2	
	9		4		2		8	
		3	9		7	4		
				3				

Mild

15

		8				2								8				7		
			2		3										6		1			
7			6		8			5				4			7		2			3
	5	2		9		8	6						4	2		1		8	6	
			1		4										4		8			
	7	1		6		4	9						3	6		7		5	1	
2			9		1										3		5			6
			8		5				8		1				8		6			
		4							9		4							9		
							1	6		3		8	5							
									1		2									
							2	7		4		3	1							
		2							5		6							3		
			2		4				2		3				2		8			
4			3		1										7		4			5
	2	8		5		6	7						7	4		5		1	8	
			8		6										6		1			
	5	6		4		1	3						1	6		4		5	7	
3			1		8			9				6			4		9			7
			6		5										3		7			
		7				3								1				8		

16

						8	3						9	8						
			3		8			6				5			1		2			
				6	5			7				2			5	8				
	9				6	4	8						8	5	4				7	
		8				6								6				3		
	5	3	8				9						4				1	6	5	
1			4	3					2							7	5			3
3			5		7				8						9		4			5
	8	2									9							9	4	
							2				5									
							9		1	4	2		8							
									7				6							
	8	3							5									1	7	
9			1		7						6				7		8			2
1			3	4							1					1	9			6
	1	5	6				2						3				4	5	2	
		2				9								1				3		
	4				2	5	1						9	2	6				8	
				1	3			5				2			4	7				
			2		5			1				7			8		2			
						8	6						5	3						

Mild

17

		7				1								6				7		
	2		5		1		6						5		7		2		6	
3		1				2		7				3		1				4		9
	8		3		6		1						1		9		8		5	
				4												7				
	4		7		5		2						8		5		6		4	
6		4				5		1				4		7				6		8
	5		1		8		9		7		8		6		3		7		9	
		9				6								5				3		
							1		5		6		4							
										2										
							3		9		4		7							
		6				1								8				6		
	2		7		9		5		1		7		2		6		7		9	
5		1				3		9				7		6				8		4
	3		6		5		8						6		9		4		8	
				9												3				
	9		2		3		7						7		8		6		5	
7		4				2		8				4		5				7		6
	1		5		4		9						3		1		5		2	
		9				4								1				3		

18

		3	4		2	5								9	7		4	2		
				8												8				
6		2				8		3				5		6				7		8
4				9				1				4				5				7
	2		5		4		7						7		8		6		4	
7				1				2				8				3				1
3		6							6		2							8		5
				4						8						4				
		7	9		8										2		1	9		
						1				7				2						
							2		9		8		6							
						5				6				7						
		5	4		1										1		6	7		
				6						9						8				
3		7							4		3							1		2
7				4				5				7				5				3
	5		9		6		8						6		4		2		9	
1				7				6				4				3				1
5		6				7		8				2		4				3		6
				1												6				
		1	3		8	2								8	5		3	9		

Mild

19

	6			7		8	4						6	9		4			7	
5						2		9				2		5						4
			6				5	1				8	1				3			
		7		8												1		7		
6			5		7			8				7			5		8			9
				6		3								3		6				
7	4				3				9		6				6				8	3
2		8																4		1
	5	1		4						8						9		5	6	
						4			7		9			8						
								7		4		5								
						8			3		5			9						
	1	6		3						5						9		5	3	
8		9																8		9
5	2				6				4		2				2				4	7
				5		4								9		6				
2			6		9			1				4			9		3			1
		3		7												8		6		
			9				2	3				5	8				2			
3						8		4				7		3						6
	4			2		9	7						4	2		7			1	

20

						1	4						8	4						
		6		4			3	2				9	7			6		8		
	1				7			9				6			3				7	
				8		5								1		3				
	3		1		5		9						9		8		5		3	
		8		6												7		4		
9			3														8			3
8	4			2					2		5					2			5	9
	2	1							9		1							7	6	
							8	6	4		9	1	3							
										3										
							2	1	8		6	9	4							
	5	8							5		3							2	1	
1	2			6					6		2					9			3	4
4			5														4			9
		2		7												6		7		
	8		3		4		2						8		9		1		4	
				8		3								5		4				
	1				8			6				2			8				5	
		3		9			4	7				4	5			2		3		
						8	1						1	7						

Mild

21

	1		4		7		5						9		2		8		1	
3				2				7				2				1				6
			9		5										7		5			
1		8				3		9				3		2				5		9
	2						8						6						2	
6		9				4		2				8		9				7		1
			3		6				1		2				9		3			
5				7						4						7				2
	9		2		4				6		9				1		6		5	
						3		2				7		6						
							8						4							
						9		7				1		8						
	2		4		8				3		7				9		6		1	
8				1						6						1				8
			6		9				5		4				7		4			
9		5				8		3				5		3				9		1
	1						2						4						8	
6		2				7		4				1		2				4		7
			8		5										8		2			
4				2				7				4				7				5
	6		3		1		9						1		4		5		2	

22

				7												8				
		9	8		3	6								4	5		3	1		
	3		9		6		1						2		6		4		9	
	4	5				2	3						3	1				6	5	
7								4				5								9
	6	2				1	5						9	6				2	7	
	1		2		4					1					7		1		2	
		6	5		7				4		6				8		6	9		
				8					7		8					2				
							6	5				8	3							
						2								4						
							4	8				1	6							
				6					1		7					5				
		2	4		1				3		5				2		3	8		
	9		5		8					4					7		9		2	
	6	7				1	3						3	4				7	5	
8								7				2								8
	1	9				2	4						1	5				4	6	
	4		7		6		9						8		4		6		3	
		6	1		5	8								2	5		7	9		
				2												1				

Mild

23

						7	1											2	8	
			9		7	8	6								1		5	7	6	
				6	5	3	2	4								2	7	5	3	1
		6	7			5								3	2			8		
	9						8						8						4	
		4			6	2								5			3	9		
6	1	7	4	3											3	1				
	3	8	5		2				9		8				7		6			
	2	9								5	7									
								4	2			9								
							6						4							
								5			4	1								
									5	4								2	4	
			8		6				1		3				8		9	1	3	
				4	1											6	2	8	9	7
		9	6			7								8	4			5		
	6						1						9						2	
		7			3	2								4			1	6		
7	9	1	4	6								5	8	3	2	7				
	4	5	9		2								4	6	5		8			
	2	8											7	2						

24

		1			5			3						1			9			4
9			3		6	8	4					2			7		6	1	3	
6	4		2			1						7	9		3			5		
				6		3										6		2		
1	8		9		3		6	7				8	2		1		3		4	7
		4		5										7		9				
		9			8						7						5			6
	1	6	5		9				1		4				4		2			
7			6						5						6			8		
										4		3								
						1	6		9		3		5	8						
								2		5										
		9			8						9						4			9
			3		7				6		2				9		8	1	7	
5			4						4						1			4		
				7		1										9		2		
1	6		5		3		9	2				7	2		4		6		3	8
		2		6										5		3				
		3			9			4						2			9		1	3
	1	4	6		2								6	8	3		1			5
2			7			3						1			5			8		

Mild

25

	3				7		4	6				9	6		8				1	
5		2					9	3				5	3					6		9
	9			8												9			8	
				5	9			2				2			9	3				
		8	7		2	4								1	6		8	9		
3			6	4												1	2			6
				6					2		6					2				
1	5							9				7							3	5
7	6		5				2						4				3		9	7
						2			4		3			8						
						5			6		2			9						
3	1		6				7						2				7		9	8
2	8							1				5							7	1
				1					1		8					3				
7			2	8												2	6			3
		6	1		3	5								5	3		1	7		
				5	7			6				2			9	5				
	7			4												1			6	
6		8					5	4				6	9					8		4
	4				5		1	3				1	4		8				3	

26

		2	1		8	9								3	7		8	4		
	8			4			5						4			5			9	
6			5		2			3				2			9		6			8
5		3				8		7				3		9				5		2
	1						4						2						1	
4		8				5		9				8		6				9		7
9			2		5										4		1			3
	2			3					4		9					9			5	
		4	7		6										3		5	1		
							5			1			4							
									9	3	7									
							2			4			9							
		3	6		1										8		2	4		
	7			5					5		1					6			5	
8			4		2										1		3			6
5		1				2		6				4		1				5		3
	8						4						2						6	
2		9				8		5				9		3				7		1
9			3		8			7				5			2		1			8
	6			4			3						3			4			7	
		4	9		7	6								2	7		6	3		

Mild

27

		2				9								4				2		
	1		8	7	6		4						5		2	4	1		8	
7								1				8								6
	4			2			1						6			7			2	
	5		9		4		3						8		4		2		1	
	2			3			9						9			5			6	
3								9		7		3								4
	9		3	8	5		7		3		2		4		7	2	3		9	
		8				3								6				5		
							3						2							
						9								4						
							6						5							
		6				5								1				8		
	5		9	1	7		4		1		5		9		3	6	1		2	
9								7		3		2								1
	4			9			2						8			7			5	
	9		5		4		3						2		1		9		8	
	2			6			5						7			8			6	
3								1				9								2
	6		3	7	9		8						5		6	1	7		4	
		2				3								6				3		

28

		9				8								2				8		
	8		5		7		4						4		1		6		2	
3				1				7				3				5				4
	9			4			1						3			2			1	
		5	1		6	9								5	9		7	2		
	1			8			3						7			6			8	
7				6				9				8				4				6
	4		7		1		5		4		8		9		6		8		4	
		3				1				9				4				9		
							3			1			6							
								4	6		2	5								
							1			4			3							
		2				7				5				2				7		
	7		3		1		8		3		4		1		7		5		3	
8				7				3				7				9				8
	4			2			9						3			5			9	
		7	6		9	3								8	1		9	6		
	1			8			2						9			7			4	
3				9				2				2				6				3
	9		1		2		3						5		4		7		8	
		8				4								4				5		

Mild

29

				2			1						2			3				
			8		7			3				9			6		1			
				3		6								8		4				
	1				3		2						8		5				6	
8		3				1		4				7		6				1		5
	7		9				6						5				6		7	
		9		1					5		1					5		6		
7			6		2			9				1			7		9			3
	4			9			5		8		4		3			6			1	
						9		3				5		1						
						8		5				7		6						
	2			1			9		6		5		1			7			3	
1			2		6			7				6			4		1			2
		3		4					4		3					8		4		
	6		4				3						6				3		4	
8		4				2		6				7		5				8		6
	9				8		5						4		6				2	
				8		7								1		6				
			6		7			4				8			9		4			
				9			2						9			2				

30

				6												7				
		5	7		8	1								3	5		8	6		
	8		9		5		3						6		1		9		4	
	4	1				7	6						4	7				1	8	
2								5				6								7
	5	8				4	2						9	1				5	3	
	9		8		6		1						7		9		4		2	
		3	4		9	6				4				9	6		2	4		
				1					1		7					1				
								1	7		3	6								
							9			1			2							
								6	2		9	7								
				1					5		1					5				
		3	2		4	1				7				4	3		9	6		
	9		8		5		6						1		8		6		4	
	4	1				5	8						3	5				1	7	
5								6				8								6
	6	7				9	1						7	2				8	9	
	3		9		7		2						5		1		3		2	
		2	6		8	4								1	7		4	9		
				2												6				

Mild

31

		7	1		5	3								9	3		1	7		
	2						8						1						8	
4				3				9				5				4				1
2				9				8				3				8				2
		6	3		1	5								4	2		6	3		
1				8				3				7				5				6
5				7				6	3		9	2				3				8
	9						3						4						2	
		3	2		8	9				8				5	4		8	1		
						6				4				2						
								1	9		6	4								
						4				3				7						
		8	7		5	3				7				6	2		7	9		
	9						6						2						5	
6				8				4	5		2	3				4				6
4				5				3				6				5				8
		6	1		2	8								1	4		2	5		
3				4				6				4				6				9
8				2				9				2				7				1
	3						2						4						7	
		9	3		6	4								7	5		3	6		

32

7	4						2	6				4	6						7	5
5			1		6			9				9			8		2			6
		9				8								3				4		
	3			9			5						3			6			4	
			8		4										9		8			
	1			2			9						8			2			3	
		8				3								7				6		
4			6		2			7	6		2	3			6		9			8
2	9						8	5				1	2						9	4
							4			9			8							
									1		5									
							2			3			6							
3	1						5	6				9	4						7	5
5			4		6			1	2		4	6			5		8			1
		6				7								5				6		
	4			7			1						3			8			4	
			3		8										1		6			
	5			2			6						6			2			1	
		5				4								1				4		
8			9		5			3				3			9		4			8
4	2						8	5				4	2						6	7

Mild

33

	8	3			9										3			5	6	
5				7		2								3		4				2
4			1				6						7				6			1
		7		4	3			1				5			1	9		3		
	5		7		1		8						9		6		2		4	
2			9	8		7								6		7	8			9
	3				2				5		1				4				5	
		4		6					2	9						1		9		
			4						8		7						9			
							6		1		3		9							
							8						5							
							4		6		9		7							
			3						4		5						2			
		1		8						2	8					8		4		
	6				4				3		6				9				6	
4			2	6		5								1		4	8			5
	5		9		3		7						7		5		1		4	
		6		5	1			9				4			6	3		1		
3			4				9						8				4			2
5				7		3								7		9				3
	8	9			2										2			8	9	

34

			9		4										5		8			
		4				7								8				3		
	5		1		2		4						9		2		7		4	
9		2		1		3		8				8		9		4		5		2
			2		6										3		2			
8		7		5		2		4				3		2		8		6		4
	2		8		1		9		1		6		4		7		9		8	
		9				4								7				4		
			7		5				9		4				6		4			
						8		9		4		5		6						
									7		5									
						2		5		6		3		4						
			1		6				6		8				8		9			
		9				7								1				6		
	7		8		9		3		4		7		9		4		5		3	
1		6		9		3		7				3		7		9		5		4
			6		5										7		1			
9		8		1		5		6				2		6		4		7		8
	8		3		7		1						6		3		8		2	
		7				4								9				8		
			4		2										9		4			

Mild

35

		1	6		4	5								7	9		8	3		
			7		3										7		5			
8				5				6				2				1				5
2	5						4	9				6	8						5	1
		8				2								5				4		
9	1						7	3				7	1						8	3
7				3				5	4		3	8				9				6
			8		1				8		7				8		4			
		2	5		9	3				2				6	2		7	9		
						7	9						6	8						
								3				7								
						1	5						3	4						
		9	6		5	2				8				5	1		3	7		
			4		7				7		6				5		9			
7				2				9	1		2	3				4				1
9	4						2	6				9	1						7	2
		2				9								8				4		
6	1						8	7				5	7						8	3
1				7				4				1				6				9
			8		3										4		2			
		4	9		6	7								2	3		5	6		

36

		4		8		5								6		9		7		
	8		4	7	5		3						9		8	4	2		3	
		5	3		1	2								1	4		8	6		
	6	9				4	1						3	8				1	5	
		3	6		2	9								9	3		6	2		
	5		7	2	4										1	6	7		8	
		6		1						6						8		4		
									3	1	4									
								7	1		8	5								
							2	9				1	4							
								4	2		9	6								
									5	3	1									
		9		7						9						2		4		
	4		6	5	8										7	1	3		9	
		4	3		9	7								2	9		4	3		
	1	8				3	9						9	8				7	4	
		7	4		6	5								3	2		7	5		
	8		7	6	3		2						3		5	9	6		2	
		6		4		8								5		3		6		

Mild

37

	2		9			3								6			2		4	
4						8								1						9
		3			4		9	1				3	2		7			8		
1				3	7	5								7	4	1				2
			8		2										6		3			
		2	1	6				4				6				2	7	1		
3	8		2						2		8						6		5	4
		7							9		7							2		
		9			8										3			6		
						1	9		8		2		7	6						
						7	5		6		3		4	8						
		3			1										2			6		
		6							1		4							2		
8	9		6						7		9						8		3	9
		8	9	5				4				7				6	9	1		
			2		3										5		3			
2				6	4	3								5	7	1				3
		2			8		6	5				4	8		3			9		
4						9								6						5
	8		3			1								9			7		6	

38

2			3		1										4		6			2
				8		2								6		1				
			7				9						3				8			
6		2		7				3				9				4		8		5
	1		8		4		2						7		6		2		3	
8				5		4		9				2		5		8				1
	8				3		4			1			5		7				1	
		4		2		8								7		2		3		
			6		8			5				6			8		3			
									9		2									
						1				4				6						
									1		6									
			2		6			9				1			8		6			
		6		8		4								9		1		5		
	8				7		1			8			7		4				6	
8				1		9		2				7		1		9				3
	6		8		9		7						2		5		8		7	
2		9		5				8				3				7		9		2
			5				3						9				1			
				6		1								2		8				
4			9		1										7		3			6

Mild

39

	1						6						4						9	
2		6				8		7				9		7				8		5
	8		2		5		4						2		5		9		4	
		8		7		6								9		7		2		
			3		9										6		4			
		1		2		5								8		3		7		
	6		8		7		3						9		2		1		7	
7		3				4		6				5		1				4		2
	5						7		5		4		8						5	
								3		2		1								
									6		5									
								9		8		7								
	6						9		7		6		4						7	
5		1				3		4				9		7				2		5
	9		1		6		5						6		8		5		4	
		7		2		9								1		4		9		
			8		7										6		9			
		8		3		4								3		5		8		
	2		3		4		7						5		9		6		3	
3		5				8		9				2		6				4		1
	1						3						7						6	

40

				6	7										6	7				
			4			9								3			8			
			5			6	3						4	8			2			
	5	2		4				9				4				9		8	5	
9			1		3			2				5			3		4			1
4				9		3	5						8	6		1				9
	1	3			5					3					8			9	6	
		5			2					5					5			1		
			6	3					7		2					6	7			
								8	1		5	2								
						4	7						1	8						
								6	8		3	4								
			5	9					5		7					7	5			
		3			4					2					9			5		
	5	8			7					8					3			9	6	
7				3		5	9						6	2		1				3
6			7		2			4				7			4		6			9
	1	4		5				8				9				2		4	5	
			8			9	2						9	4			2			
			6			7								5			3			
				1	5										7	5				

Mild

41

		4	6		8	5								7	8		3	6		
			3		5										6		1			
1				9				4				6				9				4
5	3						6	8				7	5						1	9
		6				4								3				4		
7	4						9	2				9	8						7	2
4				5					5		8					7				6
			4		6				1		7				4		5			
		2	7		9					9					9		6	1		
						7	5						4	6						
								4				3								
						1	8						5	7						
		2	8		3					1					6		2	4		
			7		9				9		4				7		9			
5				4					6		5					5				3
6	2						4	1				1	6						5	4
		1				8								9				2		
4	3						7	5				4	3						8	9
8				9				6				3				9				1
			3		5										8		4			
		5	2		6	1								5	3		7	6		

42

		3	6	2			5						3			9	7	5		
			7				3	2				1	7				2			
4					9	1								8	4					7
3	6					5								9					6	8
7								3				4								3
		2					6	1				8	2					1		
		9	1								6						8	4		
8	4				6					4	7				3				7	1
	1			7	4				3						1	6			8	
						9			1				7	5						
						6	3				9			4						
	6			8	9						5				1	2			6	
5	9				1				9	3					6				3	8
		3	2						7								5	1		
		5					9	7				8	5					7		
6								2				6								9
1	2					3								4					1	5
7					8	9								2	3					6
			7				8	5				3	4				7			
		8	9	3			7						8			4	9	3		

Mild

43

			7		3										2		4			
		9		4		8								1		7		6		
	3		1		5		6						5		1		8		7	
4		6				3		9				9		8				4		2
	9						5						4						6	
8		5				4		6				1		7				9		5
	5		8		9		3		8		9		2		7		3		9	
		7		2		6				2				3		1		5		
			6		1				6		5				5		6			
						3		2				8	6							
							1						5							
						4		6				9		1						
			4		6				9		7				8		5			
		2		1		9				4				8		6		3		
	6		8		3		4		3		6		9		7		3		6	
3		7				8		9				2		7				5		8
	8						3						5						3	
6		5				2		4				4		9				6		7
	1		5		4		7						8		1		2		4	
		3		8		1								5		9		2		
			1		9										3		7			

44

	8						5	
5			3		4			8
		1		5		7		
	9		2		5		7	
		2				5		
	4		9		8		3	
		6		8		2		
1			6		2			9
	7						6	

	8						7	
2			7		6			9
		6		9		4		
	2		9		5		1	
		3				6		
	7		6		4		9	
		5		2		3		
1			8		3			7
	3						6	

2								5
		9	6		7	1		
	6			2			3	
	3		2		8		5	
		6				2		
	1		3		6		9	
	2			3			8	
		8	7		9	3		
9								4

	9						2	
6			9		1			8
		5		2		9		
	6		4		2		3	
		9				7		
	7		5		9		8	
		1		5		8		
7			3		6			5
	4						9	

	8						3	
3			7		4			1
		4		8		7		
	6		1		2		4	
		3				5		
	9		8		5		2	
		2		1		8		
6			4		7			3
	3						5	

Mild

45

				6		3								6		8				
		4			2		9						2		3			6		
	5				3			8				9			5				3	
				1		9	2						4	3		1				
7			2		5			4				5			4		3			6
	1	3		9												6		4	2	
3			1					9				1					7			4
	2		7														1		5	
		5		2		4			9		7			5		3		9		
								2	7		5	9								
										1										
								4	3		9	8								
		6		7		9			4		2			6		9		7		
	9		2														4		1	
1			3					5				4					6			9
	5	9		3												8		6	9	
8			6		2			7				7			3		9			2
				4		2	1						9	8		2				
	8				3			2				6			5				3	
		5			4		6						5		4			8		
				1		5								4		6				

46

			2					6				2					3			
		5				1								7				5		
	2			1			7						6			1			9	
8			9	3												4	6			3
		7	4		2	9								5	7		1	8		
				8	6			4				9			2	5				
	8			9			1		5		9		2			9			8	
		6				8								9				3		
5					3										3					1
						7			6		1			3						
										4										
						1			8		7			5						
2					8										3					6
		9				5								1				9		
	3			4			9		1		5		7			1			3	
				8	2			3				2			9	3				
		2	5		1	7								9	8		5	6		
1			4	7												6	7			9
	8			2			3						1			7			4	
		7				2								3				2		
			3					4				4					1			

Mild

47

				9												2				
		7		8		1								8		9		3		
	9		6		1		4						9		5		8		2	
		1	7		9	6								3	4		2	1		
6	7						5	2				5	8						7	4
		9	2		4	7								4	7		5	9		
	5		9		7					6					8		3		4	
		2		3						2						5		2		
				4					3		1					7				
								5	7		3	9								
						3	4						7	6						
								1	6		5	2								
				1					8		7					4				
		5		4						5						9		1		
	1		7		9					3					5		8		3	
		6	9		4	5								3	8		6	2		
2	9						6	8				5	2						4	7
		3	8		1	2								1	2		4	3		
	8		3		7		2						4		9		2		8	
		2		8		7								9		6		7		
				9												8				

48

				1												4				
		7	8		4	3								1	6		3	8		
	1		6		3		5						8		9		7		1	
	7	4				5	2						1	4				3	5	
6								1				5								8
	9	1				6	8						6	7				9	2	
	3		1		9					7					5		2		8	
		8	5		6				5		1				3		4	7		
				8					8		6					6				
							9	4				5	6							
						5								3						
							1	6				8	9							
				2					6		2					3				
		5	4		3				7		4				8		6	3		
	3		9		5					5					2		1		9	
	4	8				7	3						9	4				6	7	
3								6				5								8
	6	7				8	1						7	2				5	3	
	2		1		9		4						6		1		7		8	
		9	8		6	1								5	3		2	1		
				7												4				

Mild

49

			7		1										4		1			
	2			5		6								4		6			2	
			8				2						2				5			
8		7			2			6				7			5			1		3
	5			1			3						3			8			4	
3			4			5		2				9		1			3			2
	9				6				3	9	7				3				1	
		4		8												7		6		
			1		3					6					9		6			
						6								3						
						5		9		8		6		7						
						4								1						
			1		6					4					5		8			
		3		2												7		1		
	8				5				6	1	8				4				3	
6			3			1		4				3		8			6			2
	5			4			7						6			2			8	
4		1			7			5				1			7			6		4
			9				6						2				1			
	4			1		7								9		6			5	
			5		2										2		5			

Samurai Su Doku

50

1		7		9	2	5								8	3	5		4		7
						2								3						
8			3				6	1				1	7				9			2
		3		6				5				5				4		2		
9			4		5			6				3			2		7			1
7				2		4								6		1				3
5	3				6					4					8				3	4
		9																5		
		8	2	1					8		2					2	6	1		
								3	7		1	5								
						8				5				1						
								7	6		3	2								
		5	2	6					1		8					1	4	2		
		9																5		
2	7				1					6					5				7	6
7				8		6								1		3				7
6			5		7			9				5			4		6			1
		2		3				8				2				7		9		
1			6				4	2				3	4				1			8
						3								9						
5		8		7	3	1								7	9	2		6		4

Mild

Difficult

51

		3		7		8								5		9		3		
			9		8										2		4			
8			1		4			9				4			6		3			1
	3	6				7	2						3	4				1	6	
1								3				7								5
	8	2				1	9						9	6				8	7	
9			3		6					3					8		2			6
			7		5				1		5				5		6			
		5		4					9		8					1		7		
							5	1				7	9							
						6								4						
							7	3				1	2							
		1		5					4		9					4		6		
			6		3				3		1				7		2			
7			9		8					2					6		1			7
	7	5				6	3						1	3				2	7	
6								1				9								6
	4	9				8	5						4	2				3	9	
4			7		5			6				7			4		9			2
			2		9										2		8			
		2		8		5								4		7		8		

52

		9	6		1	8								4	7		5	1		
				3												3				
7				9				2				3				2				7
9			5		6			8				9			1		2			4
	1	6				5	3						6	1				8	2	
5			3		2			4				4			8		7			6
8				5					4		3					7				8
				6						9						1				
		2	4		7					2					2		9	6		
						6			5		4			2						
							4	1				3	7							
						5			2		7			6						
		4	2		6					4					5		1	3		
				4						7						9				
6				1					3		9					8				5
4			3		1			6				9			4		3			8
	9	3				4	5						2	6				1	4	
5			7		4			3				8			9		2			7
7				2				8				6				5				3
				6												3				
		1	5		8	7								3	7		8	2		

Difficult

53

			1		7										4		7			
		9	8		6	5								7	1		5	6		
	4			3			2						6			2			1	
2	8						5	4				7	4						9	5
		6				2								8				2		
5	9						1	3				3	1						7	4
	5			8					4		3					1			2	
		4	6		2				8		7				8		9	1		
			5		3					9					5		2			
						5	1						6	2						
								4				9								
						6	2						3	5						
			5		9					7					4		7			
		1	6		3				6		8				5		9	6		
	7			2					1		4					1			3	
5	6						8	1				9	7						2	3
		7				9								2				9		
9	4						6	2				8	1						4	6
	2			5			7						2			5			7	
		5	7		2	3								8	7		4	5		
			1		8										3		2			

54

		9			1										6			2		
			2			3	7						1	6			4			
6		4	5				1						2				7	8		3
	4	7		1				6				1				2		6	4	
			4		2										4		8			
5				3		9	4						4	3		5				8
	2				8	6	9						5	8	3				7	
	6	8			7	1			6		3			2	5			3	8	
			6														2			
							1		3		5		4							
										1										
							4		7		8		1							
			7														2			
	5	3			8	2			8		9			6	4			9	8	
	7				6	4	3						2	7	6				3	
2				1		7	4						8	5		9				7
			6		4										8		5			
	9	4		8				5				2				1		5	6	
8		7	1				5						6				7	2		1
			2			1	8						5	3			4			
		9			7										5			7		

Difficult

55

		8		7		3								2		3		9		
			3	5	4										1	5	9			
3								1				9								4
	7			2			3						9			6			4	
8	9		5		7		4	6				7	1		5		8		6	2
	2			6			1						2			4			9	
2										5										9
			8	4	1				1	6	4				2	7	3			
		1		3												8		5		
							8			3			1							
						5	4		7		6		2	8						
							3			9			6							
		5		9												6		8		
			6	5	8				5	4	8				5	8	3			
7										7										5
	5			3			6						1			3			9	
4	8		9		2		3	7				5	7		6		1		8	4
	9			4			8						8			5			6	
1								9				7								8
			3	1	4										2	4	5			
		6		7		1								5		7		1		

56

	1					7								2					7	
7		2	5			8	3						1	5			7	2		6
	3			7			9	5				4	7			2			8	
	8		1		4										9		1		4	
		4		2		1								1		6		3		
			9		7		6						8		4		2			
9	5			1						7						9			2	7
	6	8			3				8		6				8			6	1	
		3																8		
							2						5							
						7				8				1						
							9						7							
		9																2		
	5	2			3				5		7				8			3	4	
1	3			6						6						2			7	6
			6		4		1						7		2		6			
		4		3		8								2		3		7		
	9		1		8										5		1		9	
	8			5			2	4				7	6			8			2	
9		5	2			3	6						9	4			2	6		3
	4					1								1					8	

Difficult

57

		5	3		6	2								5	3		8	2		
	4			8			9						3			9			4	
	8			1			7						6			3			2	
		7	9		5	6								2	8		9	1		
	3			4			5						8			7			3	
	6			2			3						2			8			5	
		1	8		4	5			1		6			4	2		6	3		
										9										
							5			4			9							
								1	7		2	4								
							8			1			3							
										2										
		1	7		3	9			8		3			2	4		3	9		
	9			6			1						5			9			8	
	7			1			9						1			5			3	
		9	6		5	8								3	6		9	5		
	4			2			5						8			7			1	
	6			5			2						9			2			7	
		8	1		2	5								4	5		7	8		

58

				6												5				
		1	5		7	6								4	1		3	9		
	2						8						3						6	
	6			5			3						7			9			1	
8			4		2			5				9			5		4			7
	3			7			4						2			3			8	
	8						7			2			6						9	
		5	3		8	2			5		3			7	9		8	3		
				4												7				
							6			1			2							
						3			9		8			1						
							4			3			5							
				5												5				
		5	9		8	6			2		1			4	6		2	7		
	9						8			6			1						5	
	3			9			4						5			3			6	
7			1		3			5				6			2		5			8
	6			7			2						7			4			2	
	2						6						4						1	
		3	2		7	1								8	7		1	5		
				1												8				

Difficult

59

		2		3		6								6		9		7		
	5						2						3						1	
1			5		7			9				1			4		3			6
		3		9		1								3		2		6		
8			2		3			6				5			8		4			9
		5		1		7								8		5		1		
5			8		9					3					5		7			1
	1																		5	
		4		7					4		1					1		4		
								3		1		8								
						1			5		4			7						
								5		6		1								
		2		7					3		2					9		1		
	6																		7	
3			6		9					4					1		6			8
		1		9		3								9		2		3		
9			5		6			8				1			9		8			6
		6		8		2								7		1		9		
2			3		4			1				2			4		1			7
	7						6						9						5	
		8		1		5								5		7		6		

60

		3		1		8								5		8		1		
			8		7										1		9			
7		2				4		1				1		3				5		2
	1			7			4						4			3			9	
6			3		2			7				5			7		6			4
	3			4			5						6			2			5	
4		9								1								6		1
			2		5				8		5				3		8			
		1		9												6		8		
							3			2			8							
						2			1		9			3						
							6			4			9							
		5		8												2		1		
			6		9				4		2				5		6			
2		8								9								9		8
	8			6			1						8			9			7	
1			4		8			7				3			8		5			1
	7			5			3						4			1			8	
8		9				6		1				8		4				7		6
			3		5										1		8			
		7		9		4								6		3		8		

Difficult

61

						3	4						9	3						
			8	7				2				7				6	1			
			9					5				4					8			
	1	8	3	5												1	5	2	3	
	2		1		6		5						2		8		7		6	
				8	7	9	3						3	7	4	9				
8					9										5					2
3				1	5				4		9				2	4				8
	4	6																9	5	
							7		2		5		6							
										6										
							2		7		3		4							
	4	8																4	9	
1				3	6				6		2				7	3				2
7					8										8					7
				8	2	9	4						8	9	5	1				
	1		5		9		8						1		9		8		3	
	2	9	6	4												4	2	9	8	
			7					5				9					7			
			8	9				1				8				6	3			
						6	9						7	6						

62

			6		3										6		9			
		9				4								2				4		
	7			8			2						9			4			7	
9				7				5				9				3				5
		5	8	4	2	9								3	9	8	1	6		
2				5				6				1				2				4
	1			9			8		9		4		7			6			9	
		6				1								4				7		
			1		5					1					3		7			
						5				9				8						
								7	2	5	3	9								
						9				8				2						
			1		8					2					3		6			
		4				2								5				2		
	8			4			9		8		6		2			4			8	
2				8				6				9				5				4
		1	6	7	2	3								8	9	7	2	3		
5				1				2				3				1				8
	2			6			4						5			8			1	
		6				8								9				4		
			5		7										4		5			

Difficult

63

Top left

	9		8		3		5	
7						1		3
			7				9	
8		9		1				7
			9		8			
4				7		9		6
	6				5			
1		8						
	4		1		7			

Top right

	9		2		8		7	
8		3						2
	7				6			
6				9		4		7
			3		4			
1		8		2				9
			9				6	
						2		8
			5		2		3	

Centre

			8		3			
	2		6		4		7	
	6		9		1		5	
			1		8			

Bottom left

	1		8		7			
6		3						
	5				9			
5				4		8		9
			7		6			
3		6		9				1
			5				1	
1						7		4
	7		1		3		8	

Bottom right

			6		7		4	
						2		3
			2				6	
4		6		8				1
			3		1			
3				9		4		7
	5				3			
7		3						4
	2		8		5		9	

64

	7			6	1			3				9			7	2			3	
2				5												4				6
			7		4										1		9			
		1			9	8		7				7		2	6			5		
8	3						2	9				1	8						9	4
6		7	1			4								5			3	1		7
			5		3										9		7			
				1												5				
7			8	2					6	1	5					6	1			9
								1		3		8								
								9	1	5	2	6								
								2		6		3								
2			5	6					7	2	6					8	2			9
				8												5				
			3		4										9		4			
9		6	8			3								6			7	2		4
3	7						5	6				5	2						3	8
		4			5	2		9				3		9	1			7		
			9		8										8		3			
8				2												9				5
	2			5	3			8				2			4	7			1	

Difficult

65

	7	9	2				1						5				9	6	8	
4		2			5			8				1			8			5		2
6	8			3												3			7	4
8				2			7						9			4				8
		6	8		7	4								2	5		8	7		
	9			1				2				6				1			4	
				6						4						9				
5			7						8		5						4			6
	6				2										2				1	
							4		3		8		9							
						1				5				7						
							6		7		4		8							
	8				3										6				5	
7			6						9		1						5			9
				2						8						8				
	5			3				9				1				7			2	
		1	4		6	3								6	8		3	1		
8				1			2						7			9				5
3	9			8												6			4	3
1		6			7			8				4			3			2		1
	7	8	3				9						2				9	8	6	

66

			1		3	7		6				7		5	9		6			
		2	6														1	9		
	6		7					5				4					5		6	
6	5	4		3				1				5				2		8	1	7
			4		6										7		3			
3				8		4	6	9				2	1	7		5				9
8					1										3					2
					2										1					
1		6	5		9				5		4				5		7	1		3
								9	6		5	7								
								8	7		1	9								
7		6	2		8				1		2				9		4	3		8
					3										3					
3					5										1					5
2				5		1	8	7				7	2	8		4				1
			1		6										2		9			
1	9	3		8				4				1				7		2	4	6
	4		8					2				3					1		5	
		1	5														2	4		
			6		1	9		5				6		4	7		5			

Difficult

67

1		6		5		2		7				9		4		1		6		8
		7				5								6				5		
5	9			4			6	3				5	1			6			9	4
			1		9										1		8			
2		9				8		4				6		7				2		1
			4		2										4		6			
6	3			7						3						9			3	7
		2																4		
8		5		2						4						3		8		2
									4		3									
						3		8				9		6						
									8		9									
3		4		1						1						1		5		9
		6																3		
1	5			3						5						6			7	2
			9		8										6		7			
7		2				6		9				1		2				9		7
			2		3										1		4			
5	9			8			1	2				3	8			5			2	4
		1				3								5				6		
4		8		5		9		6				2		6		7		8		1

68

	8	6																7	4	
4		3	6	9			8						5			6	2	9		8
7	1		4	8												7	1		2	5
	6	1		7												4		3	1	
	5	9	3		4	6	7						4	3	2		7	8	5	
				6		1	2						7	9		3				
				5	6										6	8				
	3			2	9				2		9				1	9			7	
							1		8		7		2							
										9										
							8		3		4		6							
	7			6	1				6		5				9	7			4	
				5	3										3	6				
				2		6	7						8	5		9				
	4	2	5		6	8	1						1	7	6		3	4	9	
	3	9		8												2		3	7	
1	8		6	3												3	5		6	4
2		6	7	4			3						6			8	9	7		1
	5	3																2	8	

Difficult

69

	7	9						2				3						9	1	
1	4			6	9		8						4		9	2			7	8
2																				5
			1	3			4						1			3	5			
	3		7		4		5						2		6		8		4	
	9			5	2										4	1			3	
									8		4									
	6		9	4					9		5					9	7		5	
8										1										3
						9	5		2		6		7	1						
								2				8								
						1	8		7		9		2	3						
4										9										8
	5		2	7					6		8					3	8		5	
									4		3									
	8			6	9										8	7			4	
	7		8		4		3						6		4		9		8	
			3	5			2						5			1	2			
6																				2
5	2			9	6		4						7		2	4			9	5
	3	1						9				9						3	7	

70

	5		3		7		8						5		8		9		7	
6								2				6								4
			9		8										7		6			
3		8	7		6	4		9				9		5	6		4	3		1
5		1	4		3	2		6				7		4	3		1	9		8
			8		4				9		3				5		3			
1																				2
	4		5		2				8		5				2		8		5	
						3		2	5		4	7		6						
						4		5	6		7	9		8						
	5		9		7				7		1				2		9		3	
9																				4
			6		1				3		8				4		3			
1		8	4		5	9		7				5		3	1		7	9		8
2		6	7		8	1		4				9		7	8		4	5		1
			5		2										3		8			
5								3				1								2
	4		3		6		1						3		6		2		7	

Difficult

71

	4	7	8				9	6				5	8				4	9	6	
3	9					5		8				3		7					4	5
1			7			3	2						9	1			3			7
2		4			6										3			8		6
			3			2		7				2		5			9			
	8	3			1				7		5				8			6	7	
4		9																4		1
6	2				9										9				2	8
						3				1				7						
									5	3	7									
						5				2				8						
6	1				4										5				3	6
5		2																1		8
	7	9			2				9		3				3			4	9	
			3			4		7				8		2			3			
7		1			6										8			7		9
2			5			1	6						2	7			8			4
1	4					3		5				4		9					5	7
	5	6	8				2	4				5	1				7	3	6	

72

			7	2	4										5	8	7			
	2			8			7						8			9			7	
			6		9										2		6			
4		6				1		2				1		8				6		9
5	3						4	8				2	5						1	8
9		2				3		7				6		4				2		7
			1		2										3		5			
	9			5			8		4		7		3			4			6	
			3	9	8										7	1	2			
							5		1		4		7							
							7		9		6		4							
			7	1	4										9	8	4			
	3			6			2		5		8		9			7			5	
			2		8										6		1			
3		4				8		2				5		1				8		2
2	1						5	4				3	7						1	6
5		7				9		6				9		2				7		3
			4		3										5		3			
	4			5			9						5			6			3	
			6	2	9										4	2	8			

Difficult

73

		7			1		3						8		1			2		
			7	2				4				1				7	9			
3			6														3			6
	8	4		3				2				7				3		8	4	
	1		4		8		7						2		8		7		5	
7				9		4	8						1	5		2				7
					2				7		6				3					
2				8	4				2		4				6	4				8
	3		5														5		2	
						6	3		8		1		9	4						
						1	7		4		9		6	2						
	7		5														7		6	
5				4	2				5		3				8	9				3
					7				6		8				4					
1				7		8	9						4	3		1				2
	9		1		4		2						7		3		2		4	
	6	5		9				7				9				4		3	8	
4			7														9			4
			8	3				6				6				8	4			
		7			5		3						8		1			5		

74

	7			4	1			6				7			4	9			6	
4			8														6			4
			2		7										2		5			
	1	9			6	5		4				8		5	1			9	3	
2								8				3								8
5		7	1			9	6						6	7			3	1		5
			9		3				7		2				8		4			
					4										7					
3			7	2												5	1			3
						7				3				9						
									4		1									
						4				9				2						
7			6	5												5	6			8
					9										8					
			4		7				2		9				1		2			
9		7	5			6	4						7	2			8	6		3
8								5				9								2
	2	5			8	3		7				4		6	7			1	8	
			3		5										2		3			
2			8														4			6
	9			4	6			1				8			6	7			1	

Difficult

75

	8		2		7		3						4		6		9		7	
3								5				3								5
			5		3										2		8			
5		6		3		9		7				4		5		2		7		6
			9		6										4		3			
9		1		7		5		6				6		9		8		1		4
			4		5				2		1				3		6			
1																				8
	6		7		9				4		3				8		5		9	
						3		6		1		8		5						
									5		2									
						5		9		3		2		6						
	7		2		6				3		6				9		4		7	
9																				2
			3		4				8		9				2		6			
6		4		3		1		9				1		4		6		3		9
			8		1										1		7			
1		8		6		7		3				9		5		3		8		7
			9		8										6		3			
5								8				3								8
	9		7		2		5						4		5		9		3	

76

						4		9				2		7						
										9										
						5			7		6			4						
								3	2		5	1								
							2						3							
								8	1		7	9								
4		3							3		2							1		8
				3						7						5				
5			8		4										9		3			6
		7	4		6	9			5		4			7	3		9	8		
	4						6						4						1	
		6	9		2	4			6		9			8	1		5	7		
6			7		3										5		2			1
				4						4						6				
9		2							2		5							2		5
								3	6		4	2								
							9						1							
								5	9		2	8								
						4			7		3			5						
										8										
						9		7				4		8						

Difficult

77

							8						9							
						4								2						
									9		7									
								4	1		9	3								
								7	2		5	4								
	2					8	5		4		1		3	7					5	
5						1		9				8		4						9
			5		1		4	3				9	1		8		4			
		6	9		7	3								5	6		8	2		
		5	2		8	4								8	3		7	5		
			6		4		3	1				5	8		1		3			
1						5		4				7		2						8
	8					9	6		5		7		4	3					9	
								6	9		8	3								
								5	7		2	4								
									6		3									
						2								7						
							1						2							

Samurai Su Doku

78

							6						3							
						8			5	3	6			1						
									7		9									
									1		4									
						3			2	6	7			8						
							7						1							
	4			8					4		3					6			7	
1					5			7				1			7					8
							4						5							
	9	1	7	5		4								8		2	3	5	1	
	8			3												8			6	
	5	3	1	2		7								3		7	4	8	2	
							9						7							
8					3			1				8			4					7
	2			1					3		1					1			4	
							4						5							
						7			4	8	5			6						
									1		2									
									8		6									
						5			2	4	3			9						
							1						2							

Difficult

79

						4				6				3						
								3	8		1	5								
							2			9			1							
							9						7							
						3		7				9		6						
							8						2							
6				1						3						1				3
		9	8		6				6		7				2		6	1		
	8			3						4						7			4	
	1						2						5						6	
7		8				5		9				3		6				2		5
	4						6						4						8	
	2			9						1						8			3	
		7	5		2				2		8				3		2	8		
3				4						7						5				9
							2						4							
						8		6				1		7						
							1						5							
							7			2			8							
								2	1		7	9								
						1				9				2						

80

										4										
								8	1		9	6								
							2	4				1	3							
							9	2				3	6							
								1	5		8	9								
										6										
		3	2				4			8			1				5	8		
	9	6	5	8					4		1					2	7	4	1	
	5			3				4				3				6			9	
4					5		9			5			6		1					7
	2			1				8				9				7			8	
	8	2	1	5					5		8					5	6	3	7	
		4	7				6			3			8				2	9		
										7										
								4	6		3	2								
							7	2				9	6							
							8	3				7	4							
								9	4		6	3								
										5										

Difficult

81

										7										
									2		4									
							5	7				1	8							
							1	9				4	7							
									1		2									
										8										
									3		6									
		5	1														4	3		
		8	2					5	7		1	8					1	2		
	8			9		4		7				2		6		4			1	
2					7					7					1					5
	7			1		2		3				5		1		2			3	
		2	5					1	8		5	3					6	1		
		1	4														7	9		
									1		9									
										5										
									3		6									
							6	2				8	4							
							5	4				7	1							
									6		8									
										7										

82

							2		4		3		5							
						6								9						
								4		9		6								
						3			1		8			7						
								1				5								
						5			9		2			6						
	3		9		2					8					5		1		3	
8																				7
		1		4					6		5					6		2		
6			7		1			9				6			1		7			4
		2				6				3				7				8		
9			4		8			7				1			2		5			3
		8		9					4		8					5		1		
1																				9
	7		8		3					2					3		9		4	
						1			7		4			5						
								9				8								
						6			5		9			2						
								2		4		5								
						3								4						
							5		2		1		6							

Difficult

83

						3				9				7						
									4		6									
									8		3									
							3	9				1	6							
						8								2						
							2	4				8	5							
2				8					1		2					9				3
			2		3				3		5				3		5			
			5		4					4					4		6			
	8	7				3	9						7	2				3	4	
3								1		5		9								1
	4	6				5	2						6	4				7	8	
			1		8					2					2		9			
			7		9				6		9				1		7			
9				6					5		8					3				4
							5	8				1	9							
						4								8						
							9	3				2	6							
									8		6									
									2		3									
						5				9				2						

84

						7	8						3	9						
								2		9		7								
									3		7									
									6		2									
								4		8		3								
						9	1						8	2						
7					9										4					6
2					5					6					5					1
	6			8					8		1					1			7	
		6	7					4				8					4	6		
	7			3			8			5			2			9			3	
		8	2					7				1					8	9		
	9			6					5		7					4			9	
6					7					3					9					4
3					1										7					5
						6	5						2	3						
								9		5		4								
									2		6									
									8		2									
								6		1		5								
						3	7						1	4						

Difficult

85

								5		8		6								
							9						7							
						8		6				3		2						
						6		7				1		3						
							1						2							
								9		7		5								
		1	8						9		2						3	1		
	4			9												5			4	
5		2	1		3										4		9	7		8
						2								4						
8					7										7					2
						5								3						
1		4	9		5										5		6	8		3
	3			2												9			6	
		8	6						1		9						7	9		
								8		1		7								
							9						3							
						5		2				9		4						
						7		3				2		9						
							4						5							
								1		2		6								

86

		3				2								8				9		
		5	3		4	9								2	5		4	7		
9	6						3	8				6	1						3	2
	1			2			8						2			4			7	
			7	1	9										9	2	6			
	9			5			1						8			3			1	
5	7						9	3				2	6						8	5
		9	8		6	1			2		6			9	3		7	1		
		8				6								5				4		
							5			1			7							
									6	8	7									
							8			4			2							
		2				9								3				9		
		1	8		4	5			3		8			6	9		3	8		
4	5						1	8				7	9						4	3
	6			7			5						4			1			9	
			5	2	1										7	4	8			
	3			9			7						6			5			7	
9	7						4	2				3	5						1	9
		3	7		2	6								8	4		6	5		
		4				7								9				7		

Difficult

87

		1		4		9								9		8		2		
	7						6						3						7	
4			6		1			3				8			1		6			9
		3		2		5								2		6		8		
5			1		3			8				5			4		2			3
		9		6		1								1		9		5		
2			4		5			9		3		2			7		1			6
	9						5						1						2	
		7		3		2			1		5			3		4		7		
								1		8		5								
						5			3		9			1						
								8		2		9								
		7		6		1			8		7			2		9		7		
	6						4						7						5	
3			9		4			7		9		1			4		3			9
		6		4		3								8		4		3		
4			8		2			9				7			2		9			5
		8		9		2								4		6		8		
1			6		7			2				9			6		7			4
	7						8						4						1	
		5		2		7								7		1		6		

88

1					5							5					1			
			2	7	9	5	3								9	2	3	4	5	
			8			6									6			8		
	2					3							4					3		
7	6						5	8				9	2						1	8
		4					2							8					7	
		6			3						3						4			
	7	9	6	5	4				5	6	4				5	8	6			
			1						2						1					6
							6					1								
						3	8						2	9						
								2					7							
1					2						5						6			
			8	1	4				6	4	8				5	4	8	7	2	
			7						7						9			3		
	8					7							9					2		
3	6						4	2				3	2						5	4
		4					5							7					9	
		9			7									5			4			
	7	2	5	9	8								1	3	8	9	7			
			1					4							6					3

Difficult

89

				9			2	6				3	9			2				
		1				7		5				7		2				1		
	6				7		9						4		5				2	
				5		8								7		1				
8			9		2			1				2			4		8			3
		5		1												7		8		
	5		3				8			4			7				2		1	
4		9				3		7				4		8				2		7
7	3			2			5			3			2			5			8	4
									6		4									
						8		2		7		3		6						
									8		3									
6	7			8			9			8			3			5			4	1
5		3				4		8				9		2				7		3
	8		6				2			6			4				6		5	
		8		5												3		4		
4			8		3			7				3			4		5			8
				1		2								5		1				
	9				8		7						6		5				1	
		6				9		1				5		9				2		
				9			4	6				2	8			6				

Samurai Su Doku

90

Top-left grid

	3	1			6			
9				8		6		
6				7			5	
			1					9
	8	9				4	3	
2					7			
	9			5				
		4		2				
			6					

Top-right grid

			2			4	5	
		8		4				7
	7			9				1
3					2			
	4	5				2	3	
			8					4
				1			7	
				8		1		
					9			

Centre grid

			6		9			
				5				
			3		8			
	6		2				1	
			9	3	6			
	5				7		8	
			7		1			
				9				
			5		3			

Bottom-left grid

			8					
		7		2				
	9			5				
5					2			
	3	4				2	5	
			1					3
9				7			4	
3				8		1		
	8	5			4			

Bottom-right grid

					4			
				1		8		
				3			6	
			9					2
	8	7				5	3	
4					1			
	9			8				4
		6		9				5
			4			1	9	

Difficult

Super Difficult

91

				7	8	5								1	7	6				
		4																3		
	8		9					2				9					4		8	
		7		9				8				7				9		6		
2			6		3			5				3			6		1			2
8				4		1								6		8				3
5					7			3	4		7	5			9					4
										3										
		6	4	1		9								3		1	5	9		
						6			7		9			2						
							7			6			1							
						1			5		4			6						
		2	7	4		3								9		5	6	4		
										8										
1					5			4	9		1	6			7					8
4				1		9								2		8				7
3			5		2			6				5			1		7			4
		1		6				7				3				9		6		
	1		8					9				8					5		3	
		5																2		
				2	3	4								6	3	7				

92

Top left grid:

			3		2			
		1	6		7	3		
	3			8			1	
1	8						2	6
		9				8		
6	2						9	5
	6			4				
		5	1		9			
			8		6			

Top right grid:

			8		3			
		5	6		7	9		
	1			2			6	
6	9						7	1
		8				4		
1	5						3	9
				6			8	
			2		8	6		
			9		1			

Centre grid:

			5		8			
			9		4			
				3				
5	2						9	4
		3				2		
1	6						5	8
				8				
			3		6			
			4		9			

Bottom left grid:

			8		9			
		3	6		5			
	6			1				
8	9						2	1
		1				5		
3	5						4	9
	3			5			8	
		6	9		8	1		
			4		7			

Bottom right grid:

			2		3			
			5		4	2		
				7			8	
3	5						2	9
		8				1		
4	7						6	5
	1			2			7	
		2	7		5	9		
			1		8			

Super Difficult

93

					8	1								7	4					
			6				4						4				2			
		9			7			6				1			6			4		
	2			3		6		7				3		5		1			9	
			7		4										5		9			
7		6		8			5						7			8		2		6
6			8			4		1				8		2			3			7
	7				9					3					8				2	
		5	1			9				2				6			1	9		
									2		4									
							1	3				5	2							
									3		7									
		8	5			6				8				1			2	9		
	9				8					9					7				2	
2			9			3		5				2		7			6			8
9		4		6			1						3			2		4		7
			7		1										3		7			
	3			5		4		2				9		4		1			8	
		1			2			9				5			2			6		
			1				3						2				3			
					5	7								8	9					

94

		5	9		6	1								4	1		2	9		
				2												3				
6			7		3			5				3			4		8			6
2		7				4		9				5		6				7		4
	5						3						4						9	
3		9				2		6				1		2				3		8
9			8		2				8		6				8		9			5
				9						4						5				
		8	4		5				2		1				6		7	1		
						2		6				1		3						
							8						2							
						9		1				7		5						
		6	7		1				5		7				1		2	3		
				3						8						3				
2			4		6				4		2				4		8			1
6		7				8		2				6		1				7		9
	1						9						2						5	
4		9				6		1				4		5				8		6
7			9		5			3				9			8		7			2
				7												6				
		1	8		4	5								4	9		5	6		

Super Difficult

95

		6		9		7								7		3		8		
5			8	7	6			9				2			9	8	7			6
		4	9		3	2								6	5		3	1		
2		3				9		4				1		3				4		9
		8	1		4	5								4	1		9	2		
4			2	5	7					9					4	1	5			3
		7		3					6	7	1					2		5		
								9	2		5	4								
						7		1				3		6						
								3	7		6	2								
		4		2					3	6	2					2		7		
2			7	8	4					8					3	6	8			1
		8	2		6	5								2	6		3	1		
4		1				6		8				5		6				3		4
		3	8		9	7								8	2		9	5		
9			4	5	1			3				6			5	7	4			9
		2		7		1								7		9		6		

96

9				6				4				9				6				5
	6		1		9		3						5		9		2		7	
			4		5										8		5			
	3	6				4	9						7	3				4	2	
1								6				2								8
	9	5				2	1						8	5				9	6	
			5		2					4					1		6			
	8		6		4				3		2				7		9		3	
6				8					1		5					8				4
							2	7				3	6							
						5								1						
							8	6				2	5							
8				3					8		6					1				2
	9		1		5				9		4				9		6		3	
			2		8					3					7		3			
	2	5				9	4						5	2				9	7	
9								5				3								1
	4	6				8	7						1	6				5	8	
			9		2										4		7			
	1		7		3		9						4		6		9		1	
6				1				3				8				3				5

Super Difficult

97

		9		2		7								1		9		4		
			8		5										6		5			
2				9				6				9				4				3
	2		9		4		1						6		8		7		5	
4		1				6		7				1		8				7		9
	7		2		1		4						4		9		2		1	
1				3						6						7				6
			4		2				5		9				1		3			
		7		8						3						2		8		
							1		3		8		5							
						5		3				1		2						
							2		1		7		4							
		5		7						7						8		2		
			3		1				9		1				5		9			
3				5						4						4				7
	3		7		2		1						1		7		4		9	
5		2				9		3				9		4				1		6
	9		5		3		2						5		9		6		8	
4				1				2				8				7				9
			4		9										6		1			
		3		6		4								5		3		6		

98

						9		1				7		2						
										3										
						8			6		2			1						
								7	5		4	3								
							4						5							
								6	8		3	4								
9		4							2		7							7		2
				9						6						5				
7			4		1										2		9			4
		2	8		7	9			4		6			2	6		1	4		
	5						6			9			4						8	
		3	9		2	4			7		3			9	5		8	3		
4			3		8										1		5			3
				1						7						8				
5		1							6		9							1		6
								9	2		3	7								
							5						4							
								3	4		6	2								
						9			7		1			8						
										6										
						6		1				3		2						

Super Difficult

99

						1				7				6						
									6		9									
						7		9				2		8						
						5		4				3		7						
									4		8									
						2				5				9						
2		8	7		9					4					3		6	9		1
									1	3	7									
		3	6														7	5		
	2			4			3						2			6			1	
3					7	2	8			9			5	4	9					3
	7			3			9						6			5			7	
		6	1														4	1		
									3	2	5									
4		5	3		6					6					1		2	8		6
						4				5				2						
									4		1									
						5		6				3		1						
						7		4				9		3						
									1		6									
						6				3				4						

100

									2		4									
								9		7		2								
							2		1		8		9							
						7		8				5		6						
							5						8							
						4		2				9		1						
			9		7				9		3				3		8			
		2		5						1						2		3		
	1		6		3				6		7				9		6		8	
4		1				9		2				3		1				9		4
	7						3						2						3	
5		9				4		7				9		8				2		7
	4		2		6				8		4				1		3		4	
		3		7						7						8		6		
			8		1				1		6				6		5			
						2		4				6		8						
							6						2							
						1		3				7		5						
							5		4		1		7							
								2		8		9								
									5		7									

Super Difficult

Solutions

1

1	6	5	7	4	3	8	9	2				4	7	3	1	2	8	9	6	5
4	7	9	6	2	8	1	5	3				1	5	8	6	7	9	2	4	3
2	8	3	9	5	1	4	6	7				9	6	2	5	4	3	1	8	7
8	5	1	4	3	6	2	7	9				7	4	5	8	3	1	6	9	2
9	3	7	5	8	2	6	1	4				2	8	6	9	5	7	3	1	4
6	2	4	1	9	7	3	8	5				3	9	1	4	6	2	7	5	8
5	1	2	8	7	4	9	3	6	2	8	4	5	1	7	2	9	4	8	3	6
3	9	6	2	1	5	7	4	8	3	1	5	6	2	9	3	8	5	4	7	1
7	4	8	3	6	9	5	2	1	9	7	6	8	3	4	7	1	6	5	2	9
						4	1	5	6	9	3	7	8	2						
						3	7	9	8	2	1	4	5	6						
						8	6	2	4	5	7	3	9	1						
8	5	2	6	7	3	1	9	4	5	6	8	2	7	3	1	8	9	6	5	4
6	7	4	9	1	8	2	5	3	7	4	9	1	6	8	7	4	5	9	2	3
1	9	3	4	5	2	6	8	7	1	3	2	9	4	5	6	2	3	1	8	7
4	1	9	2	3	6	8	7	5				3	8	6	4	7	2	5	1	9
5	2	7	8	9	1	3	4	6				7	5	2	9	1	6	4	3	8
3	6	8	7	4	5	9	1	2				4	9	1	5	3	8	7	6	2
7	3	5	1	6	9	4	2	8				6	2	4	8	9	1	3	7	5
9	8	6	5	2	4	7	3	1				8	1	9	3	5	7	2	4	6
2	4	1	3	8	7	5	6	9				5	3	7	2	6	4	8	9	1

2

1	9	6	7	2	8	3	5	4				3	2	5	4	9	7	1	8	6
8	5	4	9	6	3	1	7	2				8	9	6	1	5	3	7	4	2
2	3	7	5	4	1	8	9	6				1	4	7	6	2	8	5	9	3
7	4	3	2	5	9	6	8	1				2	1	8	7	3	9	6	5	4
5	8	1	6	3	4	9	2	7				9	6	3	5	1	4	2	7	8
9	6	2	1	8	7	4	3	5				7	5	4	8	6	2	3	1	9
6	1	9	8	7	2	5	4	3	9	1	7	6	8	2	9	7	1	4	3	5
3	7	5	4	9	6	2	1	8	3	4	6	5	7	9	3	4	6	8	2	1
4	2	8	3	1	5	7	6	9	5	8	2	4	3	1	2	8	5	9	6	7
						9	2	1	7	5	8	3	6	4						
						8	3	4	2	6	1	7	9	5						
						6	5	7	4	3	9	2	1	8						
4	6	3	7	5	8	1	9	2	6	7	5	8	4	3	9	1	2	6	7	5
8	9	2	6	1	3	4	7	5	8	9	3	1	2	6	8	7	5	3	9	4
1	7	5	4	9	2	3	8	6	1	2	4	9	5	7	3	4	6	2	1	8
9	3	6	5	7	4	8	2	1				5	9	1	7	3	4	8	2	6
5	2	8	3	6	1	9	4	7				7	3	2	6	8	1	5	4	9
7	1	4	2	8	9	5	6	3				4	6	8	2	5	9	7	3	1
6	5	9	8	3	7	2	1	4				6	7	9	4	2	8	1	5	3
3	4	1	9	2	6	7	5	8				3	8	5	1	9	7	4	6	2
2	8	7	1	4	5	6	3	9				2	1	4	5	6	3	9	8	7

3

7	8	4	5	9	1	3	6	2				1	6	5	4	9	7	2	3	8
2	6	9	4	7	3	5	8	1				4	7	8	2	5	3	9	6	1
3	5	1	8	6	2	4	9	7				9	3	2	8	6	1	7	5	4
5	7	6	2	4	9	8	1	3				6	2	9	1	7	8	3	4	5
9	1	8	6	3	5	7	2	4				3	4	1	5	2	6	8	7	9
4	3	2	1	8	7	6	5	9				5	8	7	9	3	4	6	1	2
1	2	7	3	5	6	9	4	8	6	1	7	2	5	3	6	1	9	4	8	7
6	4	3	9	1	8	2	7	5	4	3	9	8	1	6	7	4	2	5	9	3
8	9	5	7	2	4	1	3	6	8	2	5	7	9	4	3	8	5	1	2	6
						8	1	7	9	5	3	6	4	2						
						6	9	3	7	4	2	5	8	1						
						4	5	2	1	8	6	3	7	9						
7	9	1	8	3	2	5	6	4	3	9	8	1	2	7	4	6	5	8	3	9
3	5	8	1	6	4	7	2	9	5	6	1	4	3	8	1	9	2	7	5	6
2	6	4	5	9	7	3	8	1	2	7	4	9	6	5	3	8	7	4	2	1
1	2	5	7	8	3	4	9	6				5	9	4	8	3	6	2	1	7
4	7	9	6	2	5	1	3	8				8	1	2	7	5	4	9	6	3
6	8	3	9	4	1	2	5	7				6	7	3	9	2	1	5	8	4
8	3	2	4	7	6	9	1	5				7	8	1	5	4	3	6	9	2
9	1	7	3	5	8	6	4	2				3	5	6	2	7	9	1	4	8
5	4	6	2	1	9	8	7	3				2	4	9	6	1	8	3	7	5

4

1	8	2	3	9	5	4	6	7				5	3	9	7	6	2	4	8	1
6	9	7	4	2	1	5	8	3				2	6	1	8	3	4	9	5	7
3	4	5	8	6	7	2	1	9				8	7	4	9	1	5	3	6	2
8	5	9	7	1	2	6	3	4				9	5	6	1	4	7	2	3	8
7	6	1	9	4	3	8	5	2				1	2	8	3	9	6	7	4	5
4	2	3	5	8	6	7	9	1				7	4	3	5	2	8	6	1	9
2	3	8	6	7	9	1	4	5	6	9	7	3	8	2	6	7	1	5	9	4
9	1	4	2	5	8	3	7	6	2	1	8	4	9	5	2	8	3	1	7	6
5	7	6	1	3	4	9	2	8	5	4	3	6	1	7	4	5	9	8	2	3
						7	6	4	8	3	9	2	5	1						
						8	1	3	4	2	5	9	7	6						
						5	9	2	7	6	1	8	3	4						
7	5	4	1	2	8	6	3	9	1	5	4	7	2	8	3	9	4	5	1	6
3	9	2	7	6	5	4	8	1	3	7	2	5	6	9	1	7	2	3	8	4
1	8	6	3	9	4	2	5	7	9	8	6	1	4	3	5	8	6	9	7	2
8	3	1	9	7	2	5	6	4				4	8	1	2	3	5	6	9	7
6	4	7	5	8	1	3	9	2				6	3	7	9	4	1	2	5	8
9	2	5	4	3	6	7	1	8				2	9	5	7	6	8	1	4	3
5	7	9	2	1	3	8	4	6				8	1	6	4	5	3	7	2	9
2	6	3	8	4	9	1	7	5				3	7	2	8	1	9	4	6	5
4	1	8	6	5	7	9	2	3				9	5	4	6	2	7	8	3	1

5

1	5	7	2	9	6	3	4	8				2	9	5	7	8	6	3	4	1
9	2	4	8	3	7	5	6	1				6	4	8	2	1	3	5	7	9
8	3	6	5	1	4	9	7	2				1	3	7	4	9	5	6	8	2
5	7	1	9	2	8	4	3	6				3	6	4	1	7	8	9	2	5
6	4	2	3	7	1	8	5	9				5	7	9	3	6	2	8	1	4
3	8	9	6	4	5	1	2	7				8	1	2	9	5	4	7	6	3
2	1	8	7	5	3	6	9	4	2	8	3	7	5	1	8	2	9	4	3	6
4	9	5	1	6	2	7	8	3	1	9	5	4	2	6	5	3	7	1	9	8
7	6	3	4	8	9	2	1	5	6	4	7	9	8	3	6	4	1	2	5	7
						1	4	7	3	2	6	8	9	5						
						5	3	9	4	1	8	2	6	7						
						8	6	2	7	5	9	3	1	4						
4	5	7	8	3	1	9	2	6	5	3	4	1	7	8	9	4	3	2	5	6
1	9	2	4	6	5	3	7	8	9	6	1	5	4	2	6	1	7	3	8	9
6	3	8	9	7	2	4	5	1	8	7	2	6	3	9	8	2	5	4	7	1
3	1	9	7	4	6	2	8	5				8	5	4	1	6	2	9	3	7
8	4	5	1	2	9	7	6	3				2	1	7	3	9	4	5	6	8
2	7	6	5	8	3	1	4	9				3	9	6	5	7	8	1	4	2
9	8	3	2	5	7	6	1	4				9	8	3	2	5	6	7	1	4
7	6	4	3	1	8	5	9	2				4	2	5	7	8	1	6	9	3
5	2	1	6	9	4	8	3	7				7	6	1	4	3	9	8	2	5

6

5	3	9	2	8	6	7	4	1				7	5	4	6	9	1	3	8	2
2	6	4	3	1	7	5	8	9				8	1	9	2	3	4	7	6	5
8	1	7	4	9	5	6	3	2				3	2	6	5	7	8	9	1	4
7	5	6	8	3	1	9	2	4				1	9	7	3	4	2	6	5	8
9	4	8	5	7	2	1	6	3				4	8	3	1	6	5	2	9	7
3	2	1	9	6	4	8	7	5				5	6	2	7	8	9	1	4	3
4	8	2	6	5	9	3	1	7	5	9	2	6	4	8	9	2	7	5	3	1
6	7	5	1	2	3	4	9	8	7	1	6	2	3	5	8	1	6	4	7	9
1	9	3	7	4	8	2	5	6	4	8	3	9	7	1	4	5	3	8	2	6
						5	7	9	6	4	1	3	8	2						
						6	8	2	3	7	5	4	1	9						
						1	3	4	9	2	8	7	5	6						
2	6	3	8	1	9	7	4	5	1	6	9	8	2	3	7	9	4	6	1	5
5	9	1	4	7	2	8	6	3	2	5	4	1	9	7	5	8	6	4	3	2
7	4	8	5	6	3	9	2	1	8	3	7	5	6	4	3	2	1	9	8	7
8	7	5	2	4	6	1	3	9				6	8	2	9	1	3	5	7	4
6	3	4	9	5	1	2	8	7				4	7	9	6	5	8	3	2	1
1	2	9	3	8	7	6	5	4				3	1	5	2	4	7	8	6	9
4	1	7	6	2	5	3	9	8				7	5	1	8	6	9	2	4	3
9	5	2	7	3	8	4	1	6				9	4	8	1	3	2	7	5	6
3	8	6	1	9	4	5	7	2				2	3	6	4	7	5	1	9	8

7

5	8	7	6	9	3	4	1	2				4	6	9	1	5	3	8	7	2
6	4	2	7	8	1	9	3	5				2	3	8	7	9	6	1	5	4
1	9	3	5	2	4	7	6	8				7	1	5	2	4	8	3	9	6
4	2	5	9	6	8	1	7	3				1	7	3	5	8	2	4	6	9
9	3	6	1	5	7	2	8	4				8	9	2	6	3	4	7	1	5
7	1	8	4	3	2	5	9	6				6	5	4	9	7	1	2	3	8
3	7	1	2	4	6	8	5	9	7	4	1	3	2	6	8	1	5	9	4	7
8	5	4	3	7	9	6	2	1	3	9	8	5	4	7	3	2	9	6	8	1
2	6	9	8	1	5	3	4	7	6	2	5	9	8	1	4	6	7	5	2	3
						9	3	8	1	5	6	2	7	4						
						1	7	5	2	3	4	8	6	9						
						2	6	4	8	7	9	1	3	5						
3	7	8	4	1	6	5	9	2	4	8	7	6	1	3	5	9	7	4	2	8
4	6	5	9	8	2	7	1	3	9	6	2	4	5	8	2	3	1	7	6	9
2	9	1	3	5	7	4	8	6	5	1	3	7	9	2	4	6	8	3	1	5
7	3	9	1	4	8	2	6	5				5	6	7	1	4	2	8	9	3
5	4	2	6	9	3	8	7	1				8	3	9	7	5	6	1	4	2
1	8	6	2	7	5	9	3	4				2	4	1	3	8	9	6	5	7
6	1	4	8	2	9	3	5	7				1	8	5	9	7	4	2	3	6
8	5	3	7	6	4	1	2	9				3	7	4	6	2	5	9	8	1
9	2	7	5	3	1	6	4	8				9	2	6	8	1	3	5	7	4

8

4	6	9	8	7	3	1	2	5				6	8	9	2	5	1	3	7	4
2	7	5	4	1	6	9	3	8				5	2	7	4	9	3	6	8	1
8	1	3	9	2	5	6	7	4				1	4	3	6	7	8	2	5	9
5	8	2	6	4	9	3	1	7				8	3	2	9	4	7	1	6	5
7	3	4	2	5	1	8	9	6				9	1	4	8	6	5	7	2	3
6	9	1	3	8	7	5	4	2				7	5	6	3	1	2	9	4	8
3	4	8	1	6	2	7	5	9	3	2	8	4	6	1	5	2	9	8	3	7
9	5	6	7	3	4	2	8	1	6	7	4	3	9	5	7	8	6	4	1	2
1	2	7	5	9	8	4	6	3	5	1	9	2	7	8	1	3	4	5	9	6
						9	3	7	2	8	5	6	1	4						
						8	4	5	1	9	6	7	3	2						
						6	1	2	7	4	3	8	5	9						
1	6	4	5	9	2	3	7	8	9	5	2	1	4	6	5	9	3	2	7	8
5	2	3	8	7	6	1	9	4	8	6	7	5	2	3	7	6	8	4	9	1
7	9	8	1	4	3	5	2	6	4	3	1	9	8	7	4	1	2	6	3	5
4	5	9	6	8	7	2	1	3				3	7	1	9	8	6	5	2	4
8	7	2	3	1	9	4	6	5				6	5	2	3	4	1	7	8	9
6	3	1	4	2	5	9	8	7				4	9	8	2	5	7	3	1	6
9	4	7	2	5	8	6	3	1				7	6	9	1	2	4	8	5	3
2	1	6	7	3	4	8	5	9				2	1	4	8	3	5	9	6	7
3	8	5	9	6	1	7	4	2				8	3	5	6	7	9	1	4	2

9

5	3	8	2	9	1	7	6	4				2	5	3	6	1	8	9	4	7
4	7	2	6	8	5	3	1	9				4	8	1	9	7	2	6	5	3
1	9	6	4	7	3	5	8	2				6	7	9	4	5	3	8	2	1
9	1	4	3	2	6	8	7	5				7	1	6	8	9	5	4	3	2
7	2	3	5	4	8	6	9	1				5	9	4	3	2	7	1	8	6
6	8	5	9	1	7	2	4	3				8	3	2	1	6	4	7	9	5
8	4	9	7	3	2	1	5	6	3	2	8	9	4	7	2	3	6	5	1	8
3	5	1	8	6	4	9	2	7	5	4	1	3	6	8	5	4	1	2	7	9
2	6	7	1	5	9	4	3	8	7	6	9	1	2	5	7	8	9	3	6	4
						6	7	5	1	3	2	8	9	4						
						2	4	9	8	5	6	7	3	1						
						3	8	1	9	7	4	2	5	6						
2	1	7	3	9	5	8	6	4	2	1	3	5	7	9	6	1	8	4	3	2
4	3	6	8	1	7	5	9	2	6	8	7	4	1	3	7	5	2	6	9	8
9	8	5	6	4	2	7	1	3	4	9	5	6	8	2	3	9	4	1	5	7
3	7	9	4	5	1	2	8	6				7	4	6	5	3	1	8	2	9
6	4	2	9	7	8	1	3	5				3	9	1	2	8	7	5	4	6
8	5	1	2	3	6	4	7	9				8	2	5	9	4	6	7	1	3
7	6	4	1	2	3	9	5	8				2	5	7	1	6	9	3	8	4
1	9	8	5	6	4	3	2	7				1	6	4	8	2	3	9	7	5
5	2	3	7	8	9	6	4	1				9	3	8	4	7	5	2	6	1

10

2	9	6	5	8	7	4	1	3				1	4	2	9	6	3	8	7	5
7	3	4	6	2	1	9	5	8				3	8	6	7	2	5	9	4	1
1	8	5	4	9	3	6	7	2				7	5	9	8	1	4	3	2	6
9	5	3	1	4	2	8	6	7				4	7	1	3	9	6	2	5	8
8	4	7	9	5	6	3	2	1				9	6	8	4	5	2	7	1	3
6	1	2	7	3	8	5	9	4				5	2	3	1	8	7	4	6	9
4	6	8	2	1	5	7	3	9	4	2	6	8	1	5	2	7	9	6	3	4
5	2	9	3	7	4	1	8	6	5	7	3	2	9	4	6	3	1	5	8	7
3	7	1	8	6	9	2	4	5	1	8	9	6	3	7	5	4	8	1	9	2
						8	1	4	7	6	5	3	2	9						
						6	7	3	8	9	2	5	4	1						
						5	9	2	3	1	4	7	8	6						
8	1	2	6	9	3	4	5	7	2	3	1	9	6	8	7	5	4	1	3	2
6	4	3	5	1	7	9	2	8	6	4	7	1	5	3	2	6	8	4	9	7
5	7	9	2	4	8	3	6	1	9	5	8	4	7	2	1	9	3	6	8	5
1	6	7	8	2	4	5	9	3				2	9	5	4	3	1	8	7	6
2	5	4	7	3	9	8	1	6				8	4	1	5	7	6	3	2	9
9	3	8	1	6	5	2	7	4				6	3	7	8	2	9	5	1	4
4	8	1	9	7	2	6	3	5				3	2	4	6	1	7	9	5	8
7	2	5	3	8	6	1	4	9				7	1	6	9	8	5	2	4	3
3	9	6	4	5	1	7	8	2				5	8	9	3	4	2	7	6	1

11

4	7	5	3	9	6	8	1	2				4	7	6	1	8	3	5	2	9
1	2	3	5	7	8	4	6	9				9	2	8	7	5	6	3	4	1
8	6	9	1	2	4	3	5	7				1	5	3	2	4	9	6	8	7
9	5	8	4	3	7	6	2	1				6	4	2	3	9	7	1	5	8
7	3	4	2	6	1	9	8	5				5	9	7	6	1	8	4	3	2
6	1	2	8	5	9	7	3	4				3	8	1	4	2	5	7	9	6
2	4	6	7	8	5	1	9	3	2	8	5	7	6	4	8	3	2	9	1	5
3	9	7	6	1	2	5	4	8	7	6	1	2	3	9	5	7	1	8	6	4
5	8	1	9	4	3	2	7	6	3	4	9	8	1	5	9	6	4	2	7	3
						9	8	2	5	3	4	1	7	6						
						3	6	4	1	2	7	9	5	8						
						7	1	5	8	9	6	4	2	3						
9	8	4	2	3	1	6	5	7	4	1	8	3	9	2	7	4	6	8	5	1
5	3	1	6	7	4	8	2	9	6	7	3	5	4	1	3	8	2	7	9	6
2	6	7	8	9	5	4	3	1	9	5	2	6	8	7	1	9	5	2	3	4
1	7	2	5	8	3	9	4	6				8	6	9	2	5	1	4	7	3
6	5	9	7	4	2	1	8	3				2	1	3	4	6	7	9	8	5
3	4	8	9	1	6	5	7	2				7	5	4	8	3	9	1	6	2
8	2	3	4	6	9	7	1	5				4	3	6	9	2	8	5	1	7
4	1	6	3	5	7	2	9	8				9	7	5	6	1	4	3	2	8
7	9	5	1	2	8	3	6	4				1	2	8	5	7	3	6	4	9

12

5	9	1	4	2	8	6	3	7				9	2	4	1	6	7	8	5	3
3	4	2	7	6	9	8	1	5				7	3	5	8	4	2	1	9	6
7	6	8	5	3	1	9	2	4				8	6	1	5	9	3	4	7	2
4	2	9	8	1	6	7	5	3				3	4	2	7	1	6	5	8	9
6	1	5	3	9	7	2	4	8				6	1	9	2	8	5	3	4	7
8	7	3	2	4	5	1	6	9				5	8	7	4	3	9	2	6	1
1	5	4	9	8	2	3	7	6	2	5	1	4	9	8	6	2	1	7	3	5
9	3	6	1	7	4	5	8	2	6	4	9	1	7	3	9	5	8	6	2	4
2	8	7	6	5	3	4	9	1	7	8	3	2	5	6	3	7	4	9	1	8
						9	6	3	4	2	7	8	1	5						
						1	2	8	5	3	6	9	4	7						
						7	4	5	1	9	8	6	3	2						
7	9	2	3	8	1	6	5	4	3	1	2	7	8	9	4	3	2	1	6	5
8	4	1	5	6	7	2	3	9	8	7	4	5	6	1	7	8	9	2	4	3
3	6	5	2	9	4	8	1	7	9	6	5	3	2	4	1	6	5	7	8	9
2	3	4	6	7	9	5	8	1				9	3	6	8	7	1	5	2	4
1	7	9	8	5	2	3	4	6				1	4	2	9	5	3	8	7	6
5	8	6	1	4	3	9	7	2				8	5	7	2	4	6	9	3	1
9	1	3	4	2	8	7	6	5				2	1	8	3	9	4	6	5	7
6	2	8	7	1	5	4	9	3				6	7	3	5	1	8	4	9	2
4	5	7	9	3	6	1	2	8				4	9	5	6	2	7	3	1	8

13

2	9	6	3	5	7	8	1	4				4	2	8	9	6	3	1	5	7
5	7	1	4	6	8	9	3	2				5	6	1	4	7	8	3	2	9
3	4	8	9	1	2	7	6	5				3	9	7	1	2	5	8	4	6
7	8	2	6	9	1	5	4	3				2	7	3	8	5	9	6	1	4
6	1	3	5	7	4	2	9	8				1	8	9	2	4	6	7	3	5
4	5	9	2	8	3	6	7	1				6	4	5	3	1	7	9	8	2
9	3	7	1	2	5	4	8	6	1	9	3	7	5	2	6	8	1	4	9	3
1	6	5	8	4	9	3	2	7	8	4	5	9	1	6	5	3	4	2	7	8
8	2	4	7	3	6	1	5	9	6	7	2	8	3	4	7	9	2	5	6	1
						6	3	8	9	5	1	4	2	7						
						5	4	2	3	6	7	1	8	9						
						7	9	1	2	8	4	3	6	5						
4	1	5	9	6	2	8	7	3	5	2	9	6	4	1	7	9	8	5	2	3
8	2	3	1	4	7	9	6	5	4	1	8	2	7	3	4	5	1	8	6	9
9	7	6	5	8	3	2	1	4	7	3	6	5	9	8	2	3	6	4	1	7
6	3	8	4	1	9	5	2	7				7	8	2	6	1	5	3	9	4
1	5	7	3	2	8	6	4	9				3	6	4	9	7	2	1	5	8
2	9	4	6	7	5	3	8	1				9	1	5	3	8	4	6	7	2
3	8	2	7	9	4	1	5	6				4	2	7	5	6	3	9	8	1
7	6	9	8	5	1	4	3	2				8	5	9	1	4	7	2	3	6
5	4	1	2	3	6	7	9	8				1	3	6	8	2	9	7	4	5

14

6	5	1	2	7	4	9	3	8				9	6	2	8	1	4	5	3	7
9	3	4	6	1	8	5	7	2				4	3	7	5	6	2	1	9	8
2	8	7	9	5	3	4	6	1				1	8	5	3	9	7	4	6	2
7	9	8	5	4	2	3	1	6				2	1	3	9	7	8	6	5	4
1	4	2	3	6	9	7	8	5				6	4	8	2	5	1	9	7	3
3	6	5	1	8	7	2	4	9				7	5	9	4	3	6	2	8	1
5	7	9	8	3	1	6	2	4	9	8	5	3	7	1	6	4	9	8	2	5
4	1	6	7	2	5	8	9	3	7	4	1	5	2	6	1	8	3	7	4	9
8	2	3	4	9	6	1	5	7	6	2	3	8	9	4	7	2	5	3	1	6
						5	8	6	1	7	9	2	4	3						
						7	3	2	5	6	4	1	8	9						
						4	1	9	2	3	8	7	6	5						
1	8	9	2	4	7	3	6	5	8	9	7	4	1	2	7	8	9	3	6	5
7	3	5	9	6	1	2	4	8	3	1	6	9	5	7	6	1	3	2	4	8
2	4	6	3	5	8	9	7	1	4	5	2	6	3	8	2	4	5	1	9	7
5	6	2	7	9	4	8	1	3				8	2	6	1	7	4	5	3	9
4	1	7	8	3	2	5	9	6				5	4	9	3	2	6	8	7	1
8	9	3	6	1	5	7	2	4				3	7	1	5	9	8	6	2	4
3	7	4	1	8	9	6	5	2				1	9	5	4	6	2	7	8	3
9	5	8	4	2	6	1	3	7				2	8	3	9	5	7	4	1	6
6	2	1	5	7	3	4	8	9				7	6	4	8	3	1	9	5	2

15

5	3	8	4	7	9	2	1	6				2	6	8	9	3	4	7	5	1
1	4	6	2	5	3	7	8	9				3	9	7	6	5	1	2	4	8
7	2	9	6	1	8	3	4	5				4	1	5	7	8	2	6	9	3
4	5	2	3	9	7	8	6	1				7	4	2	5	1	3	8	6	9
9	6	3	1	8	4	5	2	7				1	5	9	4	6	8	3	2	7
8	7	1	5	6	2	4	9	3				8	3	6	2	7	9	5	1	4
2	8	5	9	3	1	6	7	4	3	2	5	9	8	1	3	2	5	4	7	6
6	1	7	8	4	5	9	3	2	8	6	1	5	7	4	8	9	6	1	3	2
3	9	4	7	2	6	1	5	8	9	7	4	6	2	3	1	4	7	9	8	5
						4	1	6	7	3	9	8	5	2						
						3	8	9	1	5	2	7	4	6						
						5	2	7	6	4	8	3	1	9						
6	1	2	5	9	7	8	4	3	5	1	6	2	9	7	1	6	5	3	4	8
8	3	5	2	6	4	7	9	1	2	8	3	4	6	5	2	3	8	7	1	9
4	7	9	3	8	1	2	6	5	4	9	7	1	3	8	7	9	4	6	2	5
1	2	8	9	5	3	6	7	4				3	7	4	9	5	2	1	8	6
7	4	3	8	1	6	9	5	2				8	5	2	6	7	1	9	3	4
9	5	6	7	4	2	1	3	8				9	1	6	8	4	3	5	7	2
3	6	4	1	7	8	5	2	9				6	8	3	4	1	9	2	5	7
2	9	1	6	3	5	4	8	7				5	2	9	3	8	7	4	6	1
5	8	7	4	2	9	3	1	6				7	4	1	5	2	6	8	9	3

16

7	6	5	2	4	1	8	3	9				3	9	8	6	4	7	5	2	1
9	2	4	3	7	8	1	5	6				5	6	4	1	3	2	7	8	9
8	3	1	9	6	5	2	4	7				2	7	1	5	8	9	4	3	6
2	9	7	1	5	6	4	8	3				9	8	5	4	6	3	1	7	2
4	1	8	7	9	3	6	2	5				1	2	6	7	5	8	3	9	4
6	5	3	8	2	4	7	9	1				7	4	3	2	9	1	6	5	8
1	7	9	4	3	2	5	6	8	2	3	7	4	1	9	8	7	5	2	6	3
3	4	6	5	8	7	9	1	2	8	5	4	6	3	7	9	2	4	8	1	5
5	8	2	6	1	9	3	7	4	6	1	9	8	5	2	3	1	6	9	4	7
						8	2	1	3	6	5	7	9	4						
						7	9	6	1	4	2	5	8	3						
						4	3	5	7	9	8	2	6	1						
5	8	3	9	2	6	1	4	7	5	8	3	9	2	6	3	4	5	1	7	8
9	6	4	1	5	7	2	8	3	9	7	6	1	4	5	7	6	8	9	3	2
1	2	7	3	4	8	6	5	9	4	2	1	3	7	8	2	1	9	4	5	6
7	1	5	6	9	4	3	2	8				6	3	7	9	8	4	5	2	1
6	3	2	5	8	1	9	7	4				4	8	1	5	2	7	3	6	9
8	4	9	7	3	2	5	1	6				5	9	2	6	3	1	7	8	4
2	7	6	8	1	3	4	9	5				2	6	9	4	7	3	8	1	5
4	9	8	2	6	5	7	3	1				7	1	4	8	5	2	6	9	3
3	5	1	4	7	9	8	6	2				8	5	3	1	9	6	2	4	7

17

5	6	7	2	3	9	1	4	8				2	4	6	1	9	3	7	8	5
4	2	8	5	7	1	3	6	9				9	5	8	7	4	2	1	6	3
3	9	1	6	8	4	2	5	7				3	7	1	8	6	5	4	2	9
2	8	5	3	9	6	7	1	4				6	1	4	9	3	8	2	5	7
1	7	6	8	4	2	9	3	5				5	2	9	4	7	1	8	3	6
9	4	3	7	1	5	8	2	6				7	8	3	5	2	6	9	4	1
6	3	4	9	2	7	5	8	1	2	6	9	4	3	7	2	5	9	6	1	8
7	5	2	1	6	8	4	9	3	7	5	8	1	6	2	3	8	7	5	9	4
8	1	9	4	5	3	6	7	2	4	1	3	8	9	5	6	1	4	3	7	2
						9	1	8	5	7	6	2	4	3						
						7	6	4	3	2	1	5	8	9						
						2	3	5	9	8	4	6	7	1						
9	8	6	3	5	2	1	4	7	6	3	2	9	5	8	4	1	3	6	7	2
4	2	3	7	1	9	8	5	6	1	9	7	3	2	4	6	8	7	5	9	1
5	7	1	4	8	6	3	2	9	8	4	5	7	1	6	2	5	9	8	3	4
1	3	2	6	7	5	9	8	4				5	6	2	9	7	4	1	8	3
6	4	7	1	9	8	5	3	2				8	4	9	5	3	1	2	6	7
8	9	5	2	4	3	6	7	1				1	7	3	8	2	6	4	5	9
7	5	4	9	3	1	2	6	8				4	8	5	3	9	2	7	1	6
2	1	8	5	6	4	7	9	3				6	3	7	1	4	5	9	2	8
3	6	9	8	2	7	4	1	5				2	9	1	7	6	8	3	4	5

18

8	1	3	4	7	2	5	6	9				1	8	9	7	6	4	2	5	3
5	9	4	6	8	3	1	2	7				3	2	7	1	8	5	4	6	9
6	7	2	1	5	9	8	4	3				5	4	6	3	2	9	7	1	8
4	6	8	2	9	7	3	5	1				4	3	1	9	5	2	6	8	7
9	2	1	5	3	4	6	7	8				9	7	5	8	1	6	3	4	2
7	3	5	8	1	6	4	9	2				8	6	2	4	3	7	5	9	1
3	4	6	7	2	1	9	8	5	6	3	2	7	1	4	6	9	3	8	2	5
2	8	9	3	4	5	7	1	6	5	8	4	2	9	3	5	4	8	1	7	6
1	5	7	9	6	8	2	3	4	7	1	9	6	5	8	2	7	1	9	3	4
						1	6	9	3	7	5	4	8	2						
						3	2	7	9	4	8	5	6	1						
						5	4	8	2	6	1	9	3	7						
6	9	5	4	3	1	8	7	2	1	5	6	3	4	9	1	2	6	7	8	5
8	1	2	7	6	9	4	5	3	8	9	7	1	2	6	7	8	5	4	3	9
3	4	7	5	8	2	6	9	1	4	2	3	8	7	5	3	4	9	1	6	2
7	6	8	1	4	3	9	2	5				7	9	1	6	5	8	2	4	3
4	5	3	9	2	6	1	8	7				5	6	3	4	1	2	8	9	7
1	2	9	8	7	5	3	4	6				4	8	2	9	3	7	6	5	1
5	3	6	2	9	4	7	1	8				2	5	4	8	9	1	3	7	6
2	8	4	6	1	7	5	3	9				9	3	7	2	6	4	5	1	8
9	7	1	3	5	8	2	6	4				6	1	8	5	7	3	9	2	4

19

1	6	9	2	7	5	8	4	3				3	6	9	2	4	5	1	7	8
5	7	4	1	3	8	2	6	9				2	7	5	1	8	6	3	9	4
8	3	2	6	9	4	7	5	1				8	1	4	9	7	3	2	5	6
4	2	7	3	8	9	6	1	5				6	9	8	4	1	2	7	3	5
6	1	3	5	2	7	4	9	8				7	2	1	5	3	8	6	4	9
9	8	5	4	6	1	3	2	7				5	4	3	7	6	9	8	1	2
7	4	6	9	5	3	1	8	2	9	3	6	4	5	7	6	2	1	9	8	3
2	9	8	7	1	6	5	3	4	1	2	7	9	8	6	3	5	7	4	2	1
3	5	1	8	4	2	9	7	6	5	8	4	1	3	2	8	9	4	5	6	7
						4	5	3	7	1	9	2	6	8						
						6	9	7	2	4	8	5	1	3						
						8	2	1	3	6	5	7	4	9						
7	1	6	5	3	8	2	4	9	6	5	3	8	7	1	6	9	4	5	3	2
8	3	9	4	1	2	7	6	5	8	9	1	3	2	4	1	5	7	8	6	9
5	2	4	7	9	6	3	1	8	4	7	2	6	9	5	2	3	8	1	4	7
9	6	1	2	5	3	4	8	7				1	3	9	7	6	5	4	2	8
2	8	7	6	4	9	5	3	1				4	6	8	9	2	3	7	5	1
4	5	3	8	7	1	6	9	2				2	5	7	4	8	1	6	9	3
6	7	5	9	8	4	1	2	3				5	8	6	3	1	2	9	7	4
3	9	2	1	6	7	8	5	4				7	1	3	5	4	9	2	8	6
1	4	8	3	2	5	9	7	6				9	4	2	8	7	6	3	1	5

20

7	8	3	6	9	2	1	4	5				1	8	4	5	9	7	3	2	6
5	9	6	8	4	1	7	3	2				9	7	3	4	6	2	8	1	5
2	1	4	5	3	7	6	8	9				6	2	5	3	8	1	9	7	4
1	7	9	4	8	3	5	2	6				8	4	1	2	3	6	5	9	7
6	3	2	1	7	5	4	9	8				2	9	7	8	4	5	6	3	1
4	5	8	2	6	9	3	7	1				5	3	6	1	7	9	4	8	2
9	6	7	3	1	8	2	5	4	3	6	8	7	1	9	6	5	8	2	4	3
8	4	5	7	2	6	9	1	3	2	7	5	4	6	8	7	2	3	1	5	9
3	2	1	9	5	4	8	6	7	9	4	1	3	5	2	9	1	4	7	6	8
						7	8	6	4	2	9	1	3	5						
						5	4	9	1	3	7	2	8	6						
						3	2	1	8	5	6	9	4	7						
6	5	8	9	4	3	1	7	2	5	8	3	6	9	4	3	8	7	2	1	5
1	2	9	8	6	7	4	3	5	6	9	2	8	7	1	2	9	5	6	3	4
4	3	7	5	1	2	6	9	8	7	1	4	5	2	3	6	1	4	8	7	9
3	4	2	6	7	1	5	8	9				1	4	2	5	6	8	7	9	3
9	8	6	3	5	4	7	2	1				7	8	6	9	3	1	5	4	2
5	7	1	2	8	9	3	6	4				9	3	5	7	4	2	1	8	6
2	1	4	7	3	8	9	5	6				2	6	9	8	7	3	4	5	1
8	6	3	1	9	5	2	4	7				4	5	8	1	2	9	3	6	7
7	9	5	4	2	6	8	1	3				3	1	7	4	5	6	9	2	8

21

9	1	2	4	3	7	6	5	8				7	9	6	2	3	8	4	1	5
3	6	5	8	2	1	9	4	7				2	5	8	4	1	9	3	7	6
8	7	4	9	6	5	2	3	1				1	3	4	7	6	5	2	9	8
1	5	8	7	4	2	3	6	9				3	7	2	8	4	1	5	6	9
4	2	7	6	9	3	1	8	5				5	6	1	3	9	7	8	2	4
6	3	9	5	1	8	4	7	2				8	4	9	6	5	2	7	3	1
2	8	1	3	5	6	7	9	4	1	3	2	6	8	5	9	2	3	1	4	7
5	4	3	1	7	9	8	2	6	7	4	5	9	1	3	5	7	4	6	8	2
7	9	6	2	8	4	5	1	3	6	8	9	4	2	7	1	8	6	9	5	3
						3	5	2	4	1	8	7	9	6						
						6	8	1	9	7	3	5	4	2						
						9	4	7	2	5	6	1	3	8						
5	2	7	4	3	8	1	6	9	3	2	7	8	5	4	9	2	6	7	1	3
8	9	6	7	1	2	4	3	5	8	6	1	2	7	9	5	1	3	6	4	8
1	4	3	6	5	9	2	7	8	5	9	4	3	6	1	7	8	4	2	5	9
9	7	5	2	6	4	8	1	3				5	8	3	2	4	7	9	6	1
3	1	4	5	8	7	9	2	6				6	4	7	1	3	9	5	8	2
6	8	2	1	9	3	7	5	4				1	9	2	6	5	8	4	3	7
2	3	9	8	7	5	6	4	1				9	3	5	8	6	2	1	7	4
4	5	1	9	2	6	3	8	7				4	2	6	3	7	1	8	9	5
7	6	8	3	4	1	5	9	2				7	1	8	4	9	5	3	2	6

22

6	5	1	4	7	2	3	8	9				1	5	7	9	8	2	4	6	3
2	7	9	8	1	3	6	4	5				9	6	4	5	7	3	1	8	2
8	3	4	9	5	6	7	1	2				3	2	8	6	1	4	5	9	7
1	4	5	7	6	9	2	3	8				7	3	1	2	9	8	6	5	4
7	8	3	1	2	5	9	6	4				5	4	2	1	6	7	8	3	9
9	6	2	3	4	8	1	5	7				8	9	6	4	3	5	2	7	1
3	1	8	2	9	4	5	7	6	2	1	3	4	8	9	7	5	1	3	2	6
4	2	6	5	3	7	8	9	1	4	5	6	2	7	3	8	4	6	9	1	5
5	9	7	6	8	1	4	2	3	7	9	8	6	1	5	3	2	9	7	4	8
						1	6	5	9	7	4	8	3	2						
						2	3	7	6	8	1	5	9	4						
						9	4	8	5	3	2	1	6	7						
7	8	1	2	6	9	3	5	4	1	6	7	9	2	8	1	5	4	6	7	3
5	3	2	4	7	1	6	8	9	3	2	5	7	4	1	2	6	3	8	9	5
6	9	4	5	3	8	7	1	2	8	4	9	3	5	6	7	8	9	1	2	4
4	6	7	8	9	2	1	3	5				6	3	4	8	9	1	7	5	2
8	2	5	3	1	4	9	6	7				2	9	7	6	4	5	3	1	8
3	1	9	6	5	7	2	4	8				8	1	5	3	7	2	4	6	9
2	4	3	7	8	6	5	9	1				1	8	9	4	2	6	5	3	7
9	7	6	1	4	5	8	2	3				4	6	2	5	3	7	9	8	1
1	5	8	9	2	3	4	7	6				5	7	3	9	1	8	2	4	6

23

8	6	5	2	4	3	7	1	9				5	1	7	6	3	4	2	8	9
2	4	3	9	1	7	8	6	5				9	3	2	1	8	5	7	6	4
9	7	1	8	6	5	3	2	4				8	4	6	9	2	7	5	3	1
1	8	6	7	2	9	5	4	3				1	7	3	2	4	9	8	5	6
7	9	2	3	5	4	1	8	6				6	8	9	5	7	1	3	4	2
3	5	4	1	8	6	2	9	7				4	2	5	8	6	3	9	1	7
6	1	7	4	3	8	9	5	2	4	3	1	7	6	8	3	1	2	4	9	5
4	3	8	5	9	2	6	7	1	9	2	8	3	5	4	7	9	6	1	2	8
5	2	9	6	7	1	4	3	8	6	5	7	2	9	1	4	5	8	6	7	3
						8	1	4	2	6	5	9	7	3						
						7	6	3	8	1	9	5	4	2						
						2	9	5	3	7	4	1	8	6						
4	8	6	3	5	9	1	2	7	5	4	6	8	3	9	1	5	7	2	4	6
1	7	3	8	2	6	5	4	9	1	8	3	6	2	7	8	4	9	1	3	5
9	5	2	7	4	1	3	8	6	7	9	2	4	1	5	3	6	2	8	9	7
2	3	9	6	1	4	7	5	8				7	6	8	4	2	3	5	1	9
5	6	4	2	7	8	9	1	3				3	9	1	6	8	5	7	2	4
8	1	7	5	9	3	2	6	4				2	5	4	7	9	1	6	8	3
7	9	1	4	6	5	8	3	2				5	8	3	2	7	4	9	6	1
3	4	5	9	8	2	6	7	1				9	4	6	5	1	8	3	7	2
6	2	8	1	3	7	4	9	5				1	7	2	9	3	6	4	5	8

24

8	2	1	4	9	5	6	7	3				6	3	1	5	2	9	7	8	4
9	7	5	3	1	6	8	4	2				2	5	8	7	4	6	1	3	9
6	4	3	2	8	7	1	9	5				7	9	4	3	1	8	5	6	2
5	9	7	8	6	2	3	1	4				5	4	9	8	6	7	2	1	3
1	8	2	9	4	3	5	6	7				8	2	6	1	5	3	9	4	7
3	6	4	7	5	1	2	8	9				3	1	7	2	9	4	6	5	8
2	3	9	1	7	8	4	5	6	2	9	7	1	8	3	9	7	5	4	2	6
4	1	6	5	3	9	7	2	8	1	3	4	9	6	5	4	8	2	3	7	1
7	5	8	6	2	4	9	3	1	5	6	8	4	7	2	6	3	1	8	9	5
						5	9	7	8	4	6	3	2	1						
						1	6	4	9	2	3	7	5	8						
						3	8	2	7	5	1	6	4	9						
3	7	9	1	2	8	6	4	5	3	8	9	2	1	7	6	5	4	3	8	9
4	2	6	3	5	7	8	1	9	6	7	2	5	3	4	9	2	8	1	7	6
5	8	1	4	9	6	2	7	3	4	1	5	8	9	6	1	7	3	4	5	2
9	3	5	2	7	4	1	8	6				3	4	1	8	9	5	2	6	7
1	6	7	5	8	3	4	9	2				7	2	9	4	1	6	5	3	8
8	4	2	9	6	1	5	3	7				6	8	5	2	3	7	9	4	1
6	5	3	8	1	9	7	2	4				4	5	2	7	8	9	6	1	3
7	1	4	6	3	2	9	5	8				9	6	8	3	4	1	7	2	5
2	9	8	7	4	5	3	6	1				1	7	3	5	6	2	8	9	4

25

8	3	1	9	2	7	5	4	6				9	6	4	8	5	7	3	1	2
5	7	2	4	1	6	8	9	3				5	3	8	2	4	1	6	7	9
4	9	6	3	8	5	2	7	1				1	2	7	3	9	6	5	8	4
6	4	7	8	5	9	3	1	2				2	7	6	9	3	4	1	5	8
9	1	8	7	3	2	4	6	5				4	5	1	6	7	8	9	2	3
3	2	5	6	4	1	9	8	7				3	8	9	5	1	2	7	4	6
2	8	9	1	6	3	7	5	4	2	1	6	8	9	3	7	2	5	4	6	1
1	5	4	2	7	8	6	3	9	8	4	5	7	1	2	4	6	9	8	3	5
7	6	3	5	9	4	1	2	8	7	3	9	6	4	5	1	8	3	2	9	7
						2	9	6	4	7	3	1	5	8						
						4	8	3	5	9	1	2	6	7						
						5	1	7	6	8	2	4	3	9						
3	1	4	6	2	9	8	7	5	9	6	4	3	2	1	5	4	7	6	9	8
2	8	7	5	3	4	9	6	1	3	2	7	5	8	4	6	9	2	3	7	1
5	6	9	7	1	8	3	4	2	1	5	8	9	7	6	1	3	8	2	4	5
7	5	1	2	8	6	4	3	9				8	1	9	7	2	6	4	5	3
4	2	6	1	9	3	5	8	7				4	6	5	3	8	1	7	2	9
8	9	3	4	5	7	1	2	6				2	3	7	9	5	4	1	8	6
1	7	5	3	4	2	6	9	8				7	5	8	4	1	3	9	6	2
6	3	8	9	7	1	2	5	4				6	9	3	2	7	5	8	1	4
9	4	2	8	6	5	7	1	3				1	4	2	8	6	9	5	3	7

26

3	5	2	1	7	8	9	6	4				6	9	3	7	1	8	4	2	5
7	8	9	6	4	3	1	5	2				7	4	8	2	5	3	6	9	1
6	4	1	5	9	2	7	8	3				2	5	1	9	4	6	7	3	8
5	9	3	4	6	1	8	2	7				3	7	9	1	6	4	5	8	2
2	1	7	8	5	9	3	4	6				5	2	4	8	7	9	3	1	6
4	6	8	3	2	7	5	1	9				8	1	6	5	3	2	9	4	7
9	7	6	2	8	5	4	3	1	7	8	2	9	6	5	4	8	1	2	7	3
1	2	5	9	3	4	6	7	8	4	5	9	1	3	2	6	9	7	8	5	4
8	3	4	7	1	6	2	9	5	1	6	3	4	8	7	3	2	5	1	6	9
						3	5	9	2	1	8	7	4	6						
						8	4	6	9	3	7	5	2	1						
						1	2	7	6	4	5	8	9	3						
4	9	3	6	7	1	5	8	2	3	7	4	6	1	9	8	5	2	4	3	7
1	7	2	8	5	3	9	6	4	5	2	1	3	7	8	9	6	4	1	5	2
8	5	6	4	9	2	7	1	3	8	9	6	2	5	4	1	7	3	9	8	6
5	3	1	7	8	4	2	9	6				4	8	1	6	2	7	5	9	3
6	8	7	5	2	9	3	4	1				7	2	5	3	1	9	8	6	4
2	4	9	1	3	6	8	7	5				9	6	3	4	8	5	7	2	1
9	1	5	3	6	8	4	2	7				5	9	7	2	3	1	6	4	8
7	6	8	2	4	5	1	3	9				1	3	6	5	4	8	2	7	9
3	2	4	9	1	7	6	5	8				8	4	2	7	9	6	3	1	5

27

4	8	2	1	5	3	9	6	7				1	3	4	6	8	7	2	5	9
5	1	9	8	7	6	2	4	3				6	5	9	2	4	1	7	8	3
7	3	6	4	9	2	8	5	1				8	2	7	9	3	5	1	4	6
9	4	3	6	2	7	5	1	8				4	6	5	1	7	9	3	2	8
8	5	7	9	1	4	6	3	2				7	8	3	4	6	2	9	1	5
6	2	1	5	3	8	7	9	4				2	9	1	3	5	8	4	6	7
3	7	5	2	6	1	4	8	9	5	7	6	3	1	2	5	9	6	8	7	4
2	9	4	3	8	5	1	7	6	3	9	2	5	4	8	7	2	3	6	9	1
1	6	8	7	4	9	3	2	5	4	1	8	9	7	6	8	1	4	5	3	2
						7	3	4	8	5	1	6	2	9						
						9	5	1	2	6	3	7	8	4						
						2	6	8	7	4	9	1	5	3						
7	1	6	4	3	8	5	9	2	6	8	7	4	3	1	7	2	5	8	9	6
2	5	8	9	1	7	6	4	3	1	2	5	8	9	7	3	6	1	5	2	4
9	3	4	6	5	2	8	1	7	9	3	4	2	6	5	9	4	8	7	3	1
1	4	5	8	9	3	7	2	6				1	8	9	4	7	6	2	5	3
6	9	7	5	2	4	1	3	8				6	2	3	1	5	9	4	8	7
8	2	3	7	6	1	9	5	4				5	7	4	2	8	3	1	6	9
3	7	9	2	8	5	4	6	1				9	1	8	5	3	4	6	7	2
4	6	1	3	7	9	2	8	5				3	5	2	6	1	7	9	4	8
5	8	2	1	4	6	3	7	9				7	4	6	8	9	2	3	1	5

28

5	7	9	2	3	4	8	6	1				7	6	2	4	9	3	8	5	1
1	8	6	5	9	7	2	4	3				5	4	9	1	8	6	3	2	7
3	2	4	6	1	8	5	9	7				3	1	8	7	5	2	6	9	4
8	9	7	3	4	2	6	1	5				9	3	6	8	2	4	7	1	5
4	3	5	1	7	6	9	8	2				4	8	5	9	1	7	2	6	3
6	1	2	9	8	5	7	3	4				2	7	1	3	6	5	4	8	9
7	5	1	8	6	3	4	2	9	1	6	7	8	5	3	2	4	9	1	7	6
9	4	8	7	2	1	3	5	6	4	2	8	1	9	7	6	3	8	5	4	2
2	6	3	4	5	9	1	7	8	5	9	3	6	2	4	5	7	1	9	3	8
						5	3	2	7	1	9	4	6	8						
						8	9	4	6	3	2	5	7	1						
						6	1	7	8	4	5	2	3	9						
6	3	2	9	5	8	7	4	1	9	5	6	3	8	2	6	4	1	7	5	9
4	7	9	3	6	1	2	8	5	3	7	4	9	1	6	7	8	5	2	3	4
8	5	1	2	7	4	9	6	3	2	8	1	7	4	5	3	9	2	1	6	8
5	4	6	7	2	3	1	9	8				6	3	7	2	5	4	8	9	1
2	8	7	6	1	9	3	5	4				4	2	8	1	3	9	6	7	5
9	1	3	4	8	5	6	2	7				5	9	1	8	7	6	3	4	2
3	6	4	8	9	7	5	1	2				2	7	9	5	6	8	4	1	3
7	9	5	1	4	2	8	3	6				1	5	3	4	2	7	9	8	6
1	2	8	5	3	6	4	7	9				8	6	4	9	1	3	5	2	7

29

3	6	7	4	2	9	5	1	8				6	2	7	8	3	5	9	4	1
1	2	5	8	6	7	9	4	3				9	4	3	6	7	1	2	5	8
4	9	8	1	3	5	6	7	2				5	1	8	9	4	2	7	3	6
9	1	6	5	4	3	8	2	7				4	8	2	5	1	7	3	6	9
8	5	3	2	7	6	1	9	4				7	9	6	3	8	4	1	2	5
2	7	4	9	8	1	3	6	5				3	5	1	2	9	6	8	7	4
5	8	9	7	1	4	2	3	6	5	9	1	8	7	4	1	5	3	6	9	2
7	3	1	6	5	2	4	8	9	3	2	7	1	6	5	7	2	9	4	8	3
6	4	2	3	9	8	7	5	1	8	6	4	2	3	9	4	6	8	5	1	7
						9	6	3	7	4	8	5	2	1						
						1	7	4	2	5	6	3	9	8						
						8	2	5	1	3	9	7	4	6						
4	2	6	7	1	5	3	9	8	6	7	5	4	1	2	5	7	6	9	3	8
1	8	9	2	3	6	5	4	7	9	1	2	6	8	3	4	9	1	7	5	2
7	5	3	8	4	9	6	1	2	4	8	3	9	5	7	3	8	2	4	6	1
5	6	1	4	7	2	8	3	9				2	6	8	7	1	3	5	4	9
8	3	4	9	5	1	2	7	6				7	3	5	2	4	9	8	1	6
2	9	7	3	6	8	4	5	1				1	4	9	6	5	8	3	2	7
9	4	2	1	8	3	7	6	5				3	7	1	8	6	5	2	9	4
3	1	5	6	2	7	9	8	4				8	2	6	9	3	4	1	7	5
6	7	8	5	9	4	1	2	3				5	9	4	1	2	7	6	8	3

30

4	2	9	3	6	1	8	5	7				9	1	4	3	7	6	8	5	2
6	3	5	7	2	8	1	4	9				7	2	3	5	4	8	6	1	9
1	8	7	9	4	5	2	3	6				5	6	8	1	2	9	7	4	3
3	4	1	5	9	2	7	6	8				3	4	7	2	9	5	1	8	6
2	7	6	1	8	4	3	9	5				6	8	5	4	3	1	2	9	7
9	5	8	6	7	3	4	2	1				2	9	1	8	6	7	5	3	4
7	9	2	8	3	6	5	1	4	9	3	2	8	7	6	9	5	4	3	2	1
8	1	3	4	5	9	6	7	2	8	4	5	1	3	9	6	8	2	4	7	5
5	6	4	2	1	7	9	8	3	1	6	7	4	5	2	7	1	3	9	6	8
						4	2	1	7	8	3	6	9	5						
						7	9	5	6	1	4	3	2	8						
						8	3	6	2	5	9	7	4	1						
2	5	6	7	1	9	3	4	8	5	2	1	9	6	7	4	5	1	2	8	3
8	7	3	2	6	4	1	5	9	3	7	6	2	8	4	3	7	9	6	5	1
1	9	4	8	3	5	2	6	7	4	9	8	5	1	3	8	2	6	7	4	9
9	4	1	3	7	6	5	8	2				6	3	5	9	4	8	1	7	2
5	2	8	4	9	1	7	3	6				8	4	9	2	1	7	5	3	6
3	6	7	5	8	2	9	1	4				1	7	2	6	3	5	8	9	4
6	3	5	9	4	7	8	2	1				7	5	6	1	9	3	4	2	8
7	1	2	6	5	8	4	9	3				3	2	1	7	8	4	9	6	5
4	8	9	1	2	3	6	7	5				4	9	8	5	6	2	3	1	7

31

9	8	7	1	4	5	3	6	2				8	2	9	3	6	1	7	5	4
3	2	5	7	6	9	4	8	1				4	1	3	5	7	2	6	8	9
4	6	1	8	3	2	7	5	9				5	6	7	8	4	9	2	3	1
2	3	4	5	9	6	1	7	8				3	5	6	7	8	4	9	1	2
8	7	6	3	2	1	5	9	4				1	8	4	2	9	6	3	7	5
1	5	9	4	8	7	6	2	3				7	9	2	1	5	3	8	4	6
5	1	2	9	7	3	8	4	6	3	5	9	2	7	1	9	3	5	4	6	8
7	9	8	6	1	4	2	3	5	6	1	7	9	4	8	6	1	7	5	2	3
6	4	3	2	5	8	9	1	7	2	8	4	6	3	5	4	2	8	1	9	7
						6	5	3	7	4	1	8	9	2						
						7	8	1	9	2	6	4	5	3						
						4	2	9	8	3	5	1	6	7						
1	4	8	7	6	5	3	9	2	4	7	8	5	1	6	2	3	7	9	8	4
7	9	3	2	1	4	5	6	8	1	9	3	7	2	4	6	9	8	1	5	3
6	2	5	9	8	3	1	7	4	5	6	2	3	8	9	1	4	5	7	2	6
4	8	2	6	5	7	9	1	3				6	7	2	3	5	9	4	1	8
9	5	6	1	3	2	8	4	7				9	3	1	4	8	2	5	6	7
3	7	1	8	4	9	2	5	6				4	5	8	7	6	1	2	3	9
8	6	4	5	2	1	7	3	9				2	6	5	8	7	4	3	9	1
5	3	7	4	9	8	6	2	1				1	4	3	9	2	6	8	7	5
2	1	9	3	7	6	4	8	5				8	9	7	5	1	3	6	4	2

32

7	4	1	9	3	8	5	2	6				4	6	8	3	9	1	2	7	5
5	8	2	1	4	6	7	3	9				9	7	5	8	4	2	3	1	6
3	6	9	2	7	5	8	4	1				2	1	3	7	5	6	4	8	9
6	3	4	7	9	1	2	5	8				5	3	9	1	6	7	8	4	2
9	2	5	8	6	4	1	7	3				7	4	2	9	3	8	5	6	1
8	1	7	5	2	3	6	9	4				6	8	1	4	2	5	9	3	7
1	7	8	4	5	9	3	6	2	5	4	1	8	9	7	2	1	4	6	5	3
4	5	3	6	8	2	9	1	7	6	8	2	3	5	4	6	7	9	1	2	8
2	9	6	3	1	7	4	8	5	9	7	3	1	2	6	5	8	3	7	9	4
						1	4	3	7	9	6	5	8	2						
						6	7	8	1	2	5	4	3	9						
						5	2	9	4	3	8	7	6	1						
3	1	4	8	9	7	2	5	6	3	1	7	9	4	8	2	6	1	3	7	5
5	7	2	4	3	6	8	9	1	2	5	4	6	7	3	5	4	8	2	9	1
9	8	6	2	5	1	7	3	4	8	6	9	2	1	5	3	9	7	6	8	4
6	4	8	5	7	9	3	1	2				1	3	2	7	8	5	9	4	6
2	9	1	3	6	8	5	4	7				8	9	4	1	3	6	7	5	2
7	5	3	1	2	4	9	6	8				5	6	7	4	2	9	8	1	3
1	3	5	6	8	2	4	7	9				7	8	1	6	5	2	4	3	9
8	6	7	9	4	5	1	2	3				3	5	6	9	7	4	1	2	8
4	2	9	7	1	3	6	8	5				4	2	9	8	1	3	5	6	7

33

6	8	3	2	5	9	1	4	7				9	1	4	3	2	7	5	6	8
5	1	9	6	7	4	2	3	8				6	5	3	8	4	1	7	9	2
4	7	2	1	3	8	5	6	9				8	7	2	9	5	6	4	3	1
8	9	7	5	4	3	6	2	1				5	2	8	1	9	4	3	7	6
3	5	6	7	2	1	9	8	4				7	9	1	6	3	2	8	4	5
2	4	1	9	8	6	7	5	3				4	3	6	5	7	8	2	1	9
1	3	5	8	9	2	4	7	6	5	3	1	2	8	9	4	6	3	1	5	7
9	2	4	3	6	7	8	1	5	2	9	4	3	6	7	2	1	5	9	8	4
7	6	8	4	1	5	3	9	2	8	6	7	1	4	5	7	8	9	6	2	3
						5	6	7	1	8	3	4	9	2						
						1	8	9	7	4	2	6	5	3						
						2	4	3	6	5	9	8	7	1						
8	4	5	3	9	7	6	2	1	4	7	5	9	3	8	4	6	2	7	5	1
9	2	1	6	8	5	7	3	4	9	2	8	5	1	6	3	8	7	4	2	9
7	6	3	1	2	4	9	5	8	3	1	6	7	2	4	9	1	5	3	6	8
4	9	7	2	6	8	5	1	3				6	9	1	7	4	8	2	3	5
1	5	8	9	4	3	2	7	6				8	7	3	5	2	1	9	4	6
2	3	6	7	5	1	4	8	9				4	5	2	6	3	9	1	8	7
3	7	2	4	1	6	8	9	5				3	8	9	1	5	4	6	7	2
5	1	4	8	7	9	3	6	2				2	4	7	8	9	6	5	1	3
6	8	9	5	3	2	1	4	7				1	6	5	2	7	3	8	9	4

34

2	3	6	9	7	4	8	1	5				4	3	1	5	9	8	2	6	7
1	9	4	5	6	8	7	3	2				7	2	8	4	6	1	3	5	9
7	5	8	1	3	2	9	4	6				5	9	6	2	3	7	8	4	1
9	6	2	4	1	7	3	5	8				8	7	9	1	4	6	5	3	2
3	4	5	2	8	6	1	7	9				6	5	4	3	7	2	9	1	8
8	1	7	3	5	9	2	6	4				3	1	2	9	8	5	6	7	4
6	2	3	8	4	1	5	9	7	1	8	6	2	4	3	7	5	9	1	8	6
5	7	9	6	2	3	4	8	1	5	3	2	9	6	7	8	1	3	4	2	5
4	8	1	7	9	5	6	2	3	9	7	4	1	8	5	6	2	4	7	9	3
						8	7	9	3	4	1	5	2	6						
						3	4	6	7	2	5	8	1	9						
						2	1	5	8	6	9	3	7	4						
8	2	3	1	7	6	9	5	4	6	1	8	7	3	2	8	6	9	4	5	1
4	1	9	5	2	3	7	6	8	2	9	3	4	5	1	2	3	7	6	8	9
6	7	5	8	4	9	1	3	2	4	5	7	6	9	8	4	1	5	2	3	7
1	5	6	2	9	8	3	4	7				3	8	7	6	9	2	5	1	4
7	4	2	6	3	5	8	9	1				9	4	5	7	8	1	3	6	2
9	3	8	7	1	4	5	2	6				2	1	6	5	4	3	7	9	8
5	8	4	3	6	7	2	1	9				1	6	4	3	7	8	9	2	5
2	6	7	9	5	1	4	8	3				5	7	9	1	2	6	8	4	3
3	9	1	4	8	2	6	7	5				8	2	3	9	5	4	1	7	6

35

3	7	1	6	9	4	5	2	8				5	6	7	9	2	8	3	1	4
6	2	5	7	8	3	1	9	4				4	9	1	7	3	5	8	6	2
8	4	9	1	5	2	7	3	6				2	3	8	4	1	6	7	9	5
2	5	7	3	1	8	6	4	9				6	8	4	3	7	9	2	5	1
4	3	8	9	6	7	2	5	1				3	2	5	6	8	1	4	7	9
9	1	6	4	2	5	8	7	3				7	1	9	5	4	2	6	8	3
7	8	4	2	3	6	9	1	5	4	6	3	8	7	2	1	9	3	5	4	6
5	9	3	8	7	1	4	6	2	8	1	7	9	5	3	8	6	4	1	2	7
1	6	2	5	4	9	3	8	7	5	2	9	1	4	6	2	5	7	9	3	8
						7	9	4	2	3	1	5	6	8						
						8	2	3	6	4	5	7	1	9						
						1	5	6	9	7	8	2	3	4						
4	3	9	6	8	5	2	7	1	3	8	4	6	9	5	1	8	3	7	2	4
2	6	1	4	9	7	5	3	8	7	9	6	4	2	1	5	7	9	3	6	8
7	5	8	3	2	1	6	4	9	1	5	2	3	8	7	2	4	6	9	5	1
9	4	7	1	5	8	3	2	6				9	1	4	6	3	8	5	7	2
3	8	2	7	6	4	9	1	5				2	3	8	7	5	1	4	9	6
6	1	5	2	3	9	4	8	7				5	7	6	9	2	4	1	8	3
1	9	3	5	7	2	8	6	4				1	5	3	8	6	7	2	4	9
5	7	6	8	4	3	1	9	2				7	6	9	4	1	2	8	3	5
8	2	4	9	1	6	7	5	3				8	4	2	3	9	5	6	1	7

36

5	1	7	2	3	9	6	8	4				3	5	2	6	7	1	8	4	9
3	9	4	1	8	6	5	2	7				4	8	6	5	9	3	7	2	1
6	8	2	4	7	5	1	3	9				1	9	7	8	4	2	5	3	6
8	4	5	3	9	1	2	7	6				2	7	1	4	5	8	6	9	3
2	6	9	8	5	7	4	1	3				6	3	8	7	2	9	1	5	4
1	7	3	6	4	2	9	5	8				5	4	9	3	1	6	2	7	8
9	5	8	7	2	4	3	6	1	7	8	5	9	2	4	1	6	7	3	8	5
7	2	6	9	1	3	8	4	5	9	6	2	7	1	3	9	8	5	4	6	2
4	3	1	5	6	8	7	9	2	3	1	4	8	6	5	2	3	4	9	1	7
						6	3	7	1	4	8	5	9	2						
						5	2	9	6	7	3	1	4	8						
						1	8	4	2	5	9	6	3	7						
8	5	1	9	3	2	4	7	6	5	3	1	2	8	9	6	4	5	1	3	7
3	6	9	1	7	4	2	5	8	4	9	6	3	7	1	8	2	9	4	6	5
7	4	2	6	5	8	9	1	3	8	2	7	4	5	6	7	1	3	2	9	8
5	2	4	3	8	9	7	6	1				7	1	2	9	5	4	3	8	6
6	1	8	5	2	7	3	9	4				5	9	8	3	6	1	7	4	2
9	3	7	4	1	6	5	8	2				6	4	3	2	8	7	5	1	9
4	8	5	7	6	3	1	2	9				1	3	7	5	9	6	8	2	4
1	9	6	2	4	5	8	3	7				9	2	5	4	3	8	6	7	1
2	7	3	8	9	1	6	4	5				8	6	4	1	7	2	9	5	3

37

5	2	1	9	8	6	3	4	7				8	9	6	1	3	2	7	4	5
4	9	6	7	1	3	8	5	2				5	7	1	8	6	4	3	2	9
8	7	3	5	2	4	6	9	1				3	2	4	7	5	9	8	1	6
1	6	8	4	3	7	5	2	9				9	3	7	4	1	8	5	6	2
7	4	5	8	9	2	1	3	6				1	5	2	6	9	3	4	8	7
9	3	2	1	6	5	7	8	4				6	4	8	5	2	7	1	9	3
3	8	4	2	7	1	9	6	5	2	4	8	7	1	3	2	8	6	9	5	4
6	5	7	3	4	9	2	1	8	9	3	7	4	6	5	9	7	1	2	3	8
2	1	9	6	5	8	4	7	3	5	1	6	2	8	9	3	4	5	6	7	1
						1	9	4	8	5	2	3	7	6						
						3	8	6	4	7	1	9	5	2						
						7	5	2	6	9	3	1	4	8						
5	2	3	8	9	1	6	4	7	3	2	5	8	9	1	2	3	5	6	7	4
7	1	6	4	3	5	8	2	9	1	6	4	5	3	7	6	9	4	2	8	1
8	9	4	6	7	2	5	3	1	7	8	9	6	2	4	1	7	8	5	3	9
3	6	8	9	5	7	2	1	4				7	4	3	8	6	9	1	5	2
1	4	9	2	8	3	7	5	6				2	1	8	5	4	3	7	9	6
2	5	7	1	6	4	3	9	8				9	6	5	7	1	2	8	4	3
9	3	2	7	1	8	4	6	5				4	8	2	3	5	6	9	1	7
4	7	1	5	2	6	9	8	3				3	7	6	9	8	1	4	2	5
6	8	5	3	4	9	1	7	2				1	5	9	4	2	7	3	6	8

38

2	6	8	3	9	1	7	5	4				1	8	9	4	3	6	7	5	2
1	9	7	4	8	5	2	3	6				7	2	6	9	1	5	4	8	3
4	3	5	7	6	2	1	9	8				5	3	4	2	7	8	1	9	6
6	4	2	1	7	9	5	8	3				9	6	3	1	4	7	8	2	5
5	1	9	8	3	4	6	2	7				8	7	1	6	5	2	9	3	4
8	7	3	2	5	6	4	1	9				2	4	5	3	8	9	6	7	1
7	8	6	5	1	3	9	4	2	6	1	7	3	5	8	7	6	4	2	1	9
3	5	4	9	2	7	8	6	1	3	2	5	4	9	7	5	2	1	3	6	8
9	2	1	6	4	8	3	7	5	8	9	4	6	1	2	8	9	3	5	4	7
						6	5	4	9	3	2	7	8	1						
						1	3	7	5	4	8	9	2	6						
						2	9	8	1	7	6	5	3	4						
1	4	5	2	3	6	7	8	9	2	6	3	1	4	5	8	2	6	7	3	9
9	7	6	1	8	5	4	2	3	7	5	1	8	6	9	3	1	7	5	2	4
3	8	2	4	9	7	5	1	6	4	8	9	2	7	3	4	5	9	1	6	8
8	3	7	6	1	4	9	5	2				7	5	1	6	9	2	8	4	3
5	6	4	8	2	9	3	7	1				9	2	4	5	3	8	6	7	1
2	1	9	7	5	3	6	4	8				3	8	6	1	7	4	9	5	2
6	9	1	5	4	8	2	3	7				4	9	7	2	6	1	3	8	5
7	5	8	3	6	2	1	9	4				6	3	2	9	8	5	4	1	7
4	2	3	9	7	1	8	6	5				5	1	8	7	4	3	2	9	6

39

5	1	9	7	8	4	3	6	2				8	4	5	1	2	7	6	9	3
2	4	6	9	1	3	8	5	7				9	1	7	4	6	3	8	2	5
3	8	7	2	6	5	1	4	9				3	2	6	5	8	9	1	4	7
9	3	8	5	7	1	6	2	4				1	6	9	8	7	5	2	3	4
6	2	5	3	4	9	7	1	8				7	3	2	6	1	4	5	8	9
4	7	1	6	2	8	5	9	3				4	5	8	9	3	2	7	1	6
1	6	4	8	9	7	2	3	5	8	7	1	6	9	4	2	5	1	3	7	8
7	9	3	1	5	2	4	8	6	3	9	2	5	7	1	3	9	8	4	6	2
8	5	2	4	3	6	9	7	1	5	6	4	2	8	3	7	4	6	9	5	1
						6	4	3	9	2	7	1	5	8						
						8	2	7	6	1	5	4	3	9						
						5	1	9	4	8	3	7	2	6						
7	6	4	5	8	3	1	9	2	7	3	6	8	4	5	1	9	2	6	7	3
5	8	1	2	7	9	3	6	4	2	5	8	9	1	7	4	6	3	2	8	5
2	9	3	1	4	6	7	5	8	1	4	9	3	6	2	8	7	5	1	4	9
1	3	7	4	2	5	9	8	6				7	2	1	3	4	8	9	5	6
9	4	2	8	6	7	5	1	3				5	8	4	6	2	9	3	1	7
6	5	8	9	3	1	4	2	7				6	9	3	7	5	1	8	2	4
8	2	9	3	5	4	6	7	1				4	5	8	9	1	6	7	3	2
3	7	5	6	1	2	8	4	9				2	3	6	5	8	7	4	9	1
4	1	6	7	9	8	2	3	5				1	7	9	2	3	4	5	6	8

40

5	2	9	3	6	7	1	4	8				2	9	5	6	7	1	3	4	8
7	3	6	4	8	1	9	2	5				1	7	3	4	5	8	2	9	6
1	8	4	5	2	9	6	3	7				6	4	8	9	3	2	7	1	5
3	5	2	7	4	6	8	1	9				4	1	7	2	9	6	8	5	3
9	6	8	1	5	3	4	7	2				5	2	9	3	8	4	6	7	1
4	7	1	2	9	8	3	5	6				3	8	6	7	1	5	4	2	9
8	1	3	9	7	5	2	6	4	9	3	8	7	5	1	8	2	3	9	6	4
6	4	5	8	1	2	7	9	3	4	5	1	8	6	2	5	4	9	1	3	7
2	9	7	6	3	4	5	8	1	7	6	2	9	3	4	1	6	7	5	8	2
						9	3	8	1	4	5	2	7	6						
						4	7	5	2	9	6	3	1	8						
						1	2	6	8	7	3	4	9	5						
1	6	7	5	9	8	3	4	2	5	1	7	6	8	9	2	7	5	1	3	4
9	2	3	1	6	4	8	5	7	6	2	9	1	4	3	9	6	8	5	2	7
4	5	8	3	2	7	6	1	9	3	8	4	5	2	7	3	4	1	9	6	8
7	8	2	4	3	1	5	9	6				4	6	2	5	1	9	7	8	3
6	9	5	7	8	2	1	3	4				7	5	8	4	3	6	2	1	9
3	1	4	9	5	6	2	7	8				9	3	1	8	2	7	4	5	6
5	4	6	8	7	3	9	2	1				3	9	4	1	8	2	6	7	5
2	3	1	6	4	9	7	8	5				2	7	5	6	9	3	8	4	1
8	7	9	2	1	5	4	6	3				8	1	6	7	5	4	3	9	2

41

3	7	4	6	1	8	5	2	9				5	4	7	8	2	3	6	9	1
8	2	9	3	4	5	6	1	7				3	9	2	6	4	1	5	8	7
1	6	5	2	9	7	3	8	4				6	1	8	5	9	7	2	3	4
5	3	1	9	2	4	7	6	8				7	5	4	3	6	2	8	1	9
2	9	6	8	7	1	4	5	3				1	2	3	7	8	9	4	6	5
7	4	8	5	6	3	1	9	2				9	8	6	1	5	4	3	7	2
4	8	3	1	5	2	9	7	6	5	2	8	4	3	1	2	7	8	9	5	6
9	1	7	4	8	6	2	3	5	1	4	7	8	6	9	4	1	5	7	2	3
6	5	2	7	3	9	8	4	1	3	9	6	2	7	5	9	3	6	1	4	8
						7	5	2	8	3	9	1	4	6						
						6	9	4	7	5	1	3	8	2						
						1	8	3	4	6	2	9	5	7						
1	9	2	8	5	3	4	6	7	2	1	3	5	9	8	6	3	2	4	1	7
3	6	4	7	1	9	5	2	8	9	7	4	6	1	3	7	4	9	5	2	8
5	8	7	6	4	2	3	1	9	6	8	5	7	2	4	1	5	8	9	6	3
6	2	8	5	3	7	9	4	1				1	6	2	9	8	3	7	5	4
7	5	1	9	6	4	8	3	2				8	5	9	4	7	1	2	3	6
4	3	9	1	2	8	6	7	5				4	3	7	5	2	6	1	8	9
8	7	3	4	9	1	2	5	6				3	4	6	2	9	5	8	7	1
2	1	6	3	8	5	7	9	4				2	7	1	8	6	4	3	9	5
9	4	5	2	7	6	1	8	3				9	8	5	3	1	7	6	4	2

42

1	7	3	6	2	8	9	5	4				6	3	4	8	9	7	5	1	2
5	9	8	7	4	1	6	3	2				1	7	5	6	3	2	8	4	9
4	2	6	5	3	9	1	7	8				2	9	8	4	1	5	6	3	7
3	6	4	8	1	7	5	2	9				5	1	9	2	4	3	7	6	8
7	5	1	9	6	2	4	8	3				4	6	7	5	8	1	9	2	3
9	8	2	4	5	3	7	6	1				8	2	3	9	7	6	1	5	4
6	3	9	1	8	5	2	4	7	8	9	6	3	5	1	7	2	8	4	9	6
8	4	7	2	9	6	3	1	5	2	4	7	9	8	6	3	5	4	2	7	1
2	1	5	3	7	4	8	9	6	3	5	1	7	4	2	1	6	9	3	8	5
						9	8	4	1	2	3	6	7	5						
						5	7	2	4	6	8	1	3	9						
						6	3	1	5	7	9	8	2	4						
4	6	1	5	8	9	7	2	3	6	1	5	4	9	8	1	2	3	5	6	7
5	9	2	3	7	1	4	6	8	9	3	2	5	1	7	6	9	4	2	3	8
8	7	3	2	4	6	1	5	9	7	8	4	2	6	3	8	7	5	1	9	4
3	4	5	1	6	2	8	9	7				8	5	9	4	1	6	7	2	3
6	8	7	4	9	3	5	1	2				6	3	1	7	5	2	8	4	9
1	2	9	8	5	7	3	4	6				7	2	4	9	3	8	6	1	5
7	5	4	6	2	8	9	3	1				9	7	2	3	8	1	4	5	6
9	3	6	7	1	4	2	8	5				3	4	5	2	6	7	9	8	1
2	1	8	9	3	5	6	7	4				1	8	6	5	4	9	3	7	2

43

2	6	8	7	9	3	5	4	1				8	7	6	2	9	4	3	5	1
5	1	9	2	4	6	8	7	3				2	9	1	3	7	5	6	4	8
7	3	4	1	8	5	9	6	2				3	5	4	1	6	8	2	7	9
4	7	6	5	1	8	3	2	9				9	3	8	6	5	7	4	1	2
3	9	1	4	6	2	7	5	8				5	4	2	9	3	1	8	6	7
8	2	5	9	3	7	4	1	6				1	6	7	8	4	2	9	3	5
6	5	2	8	7	9	1	3	4	8	7	9	6	2	5	7	8	3	1	9	4
1	8	7	3	2	4	6	9	5	1	2	4	7	8	3	4	1	9	5	2	6
9	4	3	6	5	1	2	8	7	6	3	5	4	1	9	5	2	6	7	8	3
						3	5	2	7	9	1	8	4	6						
						8	1	9	4	6	3	2	5	7						
						4	7	6	2	5	8	9	3	1						
7	3	1	4	9	6	5	2	8	9	1	7	3	6	4	8	2	5	1	7	9
8	4	2	7	1	5	9	6	3	5	4	2	1	7	8	9	6	4	3	5	2
5	6	9	8	2	3	7	4	1	3	8	6	5	9	2	7	1	3	8	6	4
3	2	7	6	4	1	8	5	9				2	1	7	4	3	6	5	9	8
1	8	4	9	5	2	6	3	7				8	5	6	2	7	9	4	3	1
6	9	5	3	7	8	2	1	4				4	3	9	5	8	1	6	2	7
9	1	8	5	6	4	3	7	2				9	8	3	1	5	2	7	4	6
4	5	3	2	8	7	1	9	6				7	4	5	6	9	8	2	1	3
2	7	6	1	3	9	4	8	5				6	2	1	3	4	7	9	8	5

44

3	8	9	1	2	7	4	5	6				3	8	9	4	1	2	5	7	6
5	2	7	3	6	4	9	1	8				2	1	4	7	5	6	8	3	9
4	6	1	8	5	9	7	2	3				7	5	6	3	9	8	4	2	1
6	9	3	2	4	5	8	7	1				6	2	8	9	3	5	7	1	4
8	1	2	7	3	6	5	9	4				4	9	3	2	7	1	6	8	5
7	4	5	9	1	8	6	3	2				5	7	1	6	8	4	2	9	3
9	3	6	5	8	1	2	4	7	1	8	3	9	6	5	1	2	7	3	4	8
1	5	4	6	7	2	3	8	9	6	5	7	1	4	2	8	6	3	9	5	7
2	7	8	4	9	3	1	6	5	9	2	4	8	3	7	5	4	9	1	6	2
						7	3	4	2	9	8	6	5	1						
						8	9	6	5	4	1	2	7	3						
						5	1	2	3	7	6	4	9	8						
8	9	3	7	4	5	6	2	1	4	3	5	7	8	9	2	6	1	4	3	5
6	2	7	9	3	1	4	5	8	7	1	9	3	2	6	7	5	4	9	8	1
4	1	5	6	2	8	9	7	3	8	6	2	5	1	4	3	8	9	7	6	2
1	6	8	4	7	2	5	3	9				8	6	5	1	7	2	3	4	9
2	5	9	8	6	3	7	1	4				2	7	3	9	4	6	5	1	8
3	7	4	5	1	9	2	8	6				4	9	1	8	3	5	6	2	7
9	3	1	2	5	4	8	6	7				9	4	2	5	1	3	8	7	6
7	8	2	3	9	6	1	4	5				6	5	8	4	2	7	1	9	3
5	4	6	1	8	7	3	9	2				1	3	7	6	9	8	2	5	4

45

8	9	7	5	6	1	3	4	2				3	5	6	1	8	2	7	4	9
6	3	4	8	7	2	5	9	1				4	2	1	3	7	9	6	8	5
1	5	2	9	4	3	7	6	8				9	8	7	5	4	6	1	3	2
5	4	8	3	1	6	9	2	7				6	4	3	2	1	8	5	9	7
7	6	9	2	8	5	1	3	4				5	7	2	4	9	3	8	1	6
2	1	3	4	9	7	6	8	5				8	1	9	7	6	5	4	2	3
3	8	6	1	5	4	2	7	9	5	4	6	1	3	8	9	5	7	2	6	4
4	2	1	7	3	9	8	5	6	2	3	1	7	9	4	6	2	1	3	5	8
9	7	5	6	2	8	4	1	3	9	8	7	2	6	5	8	3	4	9	7	1
						1	8	2	7	6	5	9	4	3						
						3	9	7	8	1	4	6	5	2						
						5	6	4	3	2	9	8	7	1						
5	2	6	4	7	1	9	3	8	4	7	2	5	1	6	2	9	3	7	4	8
3	9	8	2	5	6	7	4	1	6	5	8	3	2	9	8	7	4	5	1	6
1	7	4	3	8	9	6	2	5	1	9	3	4	8	7	1	5	6	3	2	9
2	5	9	1	3	7	4	8	6				2	4	3	7	8	1	6	9	5
8	4	1	6	9	2	3	5	7				7	6	5	3	4	9	1	8	2
7	6	3	8	4	5	2	1	9				1	9	8	6	2	5	4	7	3
4	8	7	5	6	3	1	9	2				6	7	2	5	1	8	9	3	4
9	1	5	7	2	4	8	6	3				9	5	1	4	3	2	8	6	7
6	3	2	9	1	8	5	7	4				8	3	4	9	6	7	2	5	1

46

1	3	8	2	7	9	5	4	6				2	9	4	5	8	3	6	1	7
7	4	5	3	6	8	1	9	2				1	8	7	6	2	9	5	3	4
6	2	9	5	1	4	3	7	8				5	6	3	4	1	7	2	9	8
8	1	4	9	3	7	6	2	5				8	7	2	9	4	6	1	5	3
3	6	7	4	5	2	9	8	1				6	4	5	7	3	1	8	2	9
9	5	2	1	8	6	7	3	4				9	3	1	2	5	8	4	7	6
2	8	3	6	9	5	4	1	7	5	8	9	3	2	6	1	9	4	7	8	5
4	9	6	7	2	1	8	5	3	2	7	6	4	1	9	8	7	5	3	6	2
5	7	1	8	4	3	2	6	9	4	1	3	7	5	8	3	6	2	9	4	1
						7	2	4	6	5	1	9	8	3						
						9	8	5	3	4	2	1	6	7						
						1	3	6	8	9	7	2	4	5						
2	5	6	7	9	8	3	4	1	7	6	8	5	9	2	3	4	8	7	1	6
4	1	9	2	6	3	5	7	8	9	2	4	6	3	1	7	5	2	9	8	4
7	3	8	1	4	5	6	9	2	1	3	5	8	7	4	6	1	9	5	3	2
9	7	5	6	8	2	4	1	3				2	6	7	9	3	4	1	5	8
8	4	2	5	3	1	7	6	9				1	4	9	8	2	5	6	7	3
1	6	3	4	7	9	8	2	5				3	8	5	1	6	7	4	2	9
5	8	4	9	2	6	1	3	7				9	1	6	2	7	3	8	4	5
3	9	7	8	1	4	2	5	6				7	5	3	4	8	6	2	9	1
6	2	1	3	5	7	9	8	4				4	2	8	5	9	1	3	6	7

47

1	3	5	4	9	2	8	7	6				1	5	7	3	2	6	4	8	9
4	6	7	3	8	5	1	2	9				2	4	8	1	9	7	3	6	5
2	9	8	6	7	1	3	4	5				3	9	6	5	4	8	7	2	1
3	2	1	7	5	9	6	8	4				9	7	3	4	6	2	1	5	8
6	7	4	8	1	3	9	5	2				5	8	2	9	3	1	6	7	4
5	8	9	2	6	4	7	3	1				6	1	4	7	8	5	9	3	2
8	5	6	9	2	7	4	1	3	5	6	8	7	2	9	8	1	3	5	4	6
9	4	2	1	3	8	5	6	7	9	2	4	8	3	1	6	5	4	2	9	7
7	1	3	5	4	6	2	9	8	3	7	1	4	6	5	2	7	9	8	1	3
						6	2	5	7	4	3	9	1	8						
						3	4	9	1	8	2	5	7	6						
						7	8	1	6	9	5	2	4	3						
7	2	8	6	1	5	9	3	4	8	1	7	6	5	2	3	4	1	8	7	9
9	3	5	2	4	8	1	7	6	2	5	9	3	8	4	6	9	7	1	2	5
6	1	4	7	3	9	8	5	2	4	3	6	1	9	7	5	2	8	4	3	6
8	7	6	9	2	4	5	1	3				4	7	3	8	5	6	2	9	1
2	9	1	5	7	3	4	6	8				5	2	8	1	3	9	6	4	7
5	4	3	8	6	1	2	9	7				9	6	1	2	7	4	3	5	8
4	8	9	3	5	7	6	2	1				7	4	6	9	1	2	5	8	3
3	5	2	1	8	6	7	4	9				8	3	9	4	6	5	7	1	2
1	6	7	4	9	2	3	8	5				2	1	5	7	8	3	9	6	4

48

3	8	6	2	1	5	4	7	9				7	5	6	1	4	8	2	3	9
2	5	7	8	9	4	3	1	6				2	9	1	6	5	3	8	7	4
4	1	9	6	7	3	2	5	8				4	8	3	9	2	7	5	1	6
8	7	4	9	6	1	5	2	3				9	1	4	2	8	6	3	5	7
6	2	3	4	5	8	7	9	1				5	3	2	7	9	1	4	6	8
5	9	1	7	3	2	6	8	4				8	6	7	4	3	5	9	2	1
7	3	2	1	4	9	8	6	5	2	7	3	1	4	9	5	7	2	6	8	3
1	4	8	5	2	6	9	3	7	5	4	1	6	2	8	3	1	4	7	9	5
9	6	5	3	8	7	1	4	2	8	9	6	3	7	5	8	6	9	1	4	2
						3	9	4	1	8	7	5	6	2						
						5	2	8	4	6	9	7	1	3						
						7	1	6	3	2	5	8	9	4						
8	9	1	6	2	7	4	5	3	6	1	2	9	8	7	4	3	5	2	1	6
2	7	5	4	1	3	6	8	9	7	3	4	2	5	1	8	9	6	3	4	7
6	3	4	9	8	5	2	7	1	9	5	8	4	3	6	2	7	1	8	9	5
9	4	8	5	6	1	7	3	2				8	9	4	5	2	3	6	7	1
3	1	2	7	4	8	5	9	6				5	1	3	7	6	4	9	2	8
5	6	7	3	9	2	8	1	4				6	7	2	9	1	8	5	3	4
7	2	6	1	5	9	3	4	8				3	6	9	1	5	7	4	8	2
4	5	9	8	3	6	1	2	7				7	4	5	3	8	2	1	6	9
1	8	3	2	7	4	9	6	5				1	2	8	6	4	9	7	5	3

49

4	3	6	7	2	1	8	5	9				5	9	3	4	2	1	8	6	7
1	2	8	3	5	9	6	4	7				8	1	4	7	6	9	3	2	5
5	7	9	8	6	4	3	2	1				6	2	7	8	3	5	4	9	1
8	4	7	5	3	2	9	1	6				7	4	6	5	9	2	1	8	3
9	5	2	6	1	7	4	3	8				2	3	5	1	8	7	9	4	6
3	6	1	4	9	8	5	7	2				9	8	1	6	4	3	5	7	2
7	9	3	2	4	6	1	8	5	3	9	7	4	6	2	3	5	8	7	1	9
2	1	4	9	8	5	7	6	3	8	2	4	1	5	9	2	7	4	6	3	8
6	8	5	1	7	3	2	9	4	1	6	5	3	7	8	9	1	6	2	5	4
						6	2	1	4	7	9	5	8	3						
						5	3	9	2	8	1	6	4	7						
						4	7	8	5	3	6	9	2	1						
2	9	4	1	3	6	8	5	7	9	4	3	2	1	6	5	3	8	4	7	9
5	7	3	4	2	8	9	1	6	7	5	2	8	3	4	6	7	9	1	2	5
1	8	6	7	9	5	3	4	2	6	1	8	7	9	5	4	1	2	8	3	6
6	2	7	3	5	9	1	8	4				3	4	8	9	5	6	7	1	2
9	5	8	2	4	1	6	7	3				9	6	7	1	2	4	5	8	3
4	3	1	8	6	7	2	9	5				1	5	2	7	8	3	6	9	4
3	1	2	9	7	4	5	6	8				5	2	3	8	4	1	9	6	7
8	4	5	6	1	3	7	2	9				4	8	9	3	6	7	2	5	1
7	6	9	5	8	2	4	3	1				6	7	1	2	9	5	3	4	8

50

1	6	7	8	9	2	5	3	4				9	6	8	3	5	2	4	1	7
3	9	4	6	5	1	2	8	7				2	4	3	1	7	8	9	6	5
8	2	5	3	7	4	9	6	1				1	7	5	4	6	9	3	8	2
2	4	3	7	6	9	8	1	5				5	8	1	6	4	3	2	7	9
9	8	1	4	3	5	7	2	6				3	9	4	2	8	7	6	5	1
7	5	6	1	2	8	4	9	3				7	2	6	9	1	5	8	4	3
5	3	2	9	4	6	1	7	8	3	4	9	6	5	2	8	9	1	7	3	4
6	1	9	5	8	7	3	4	2	5	7	6	8	1	9	7	3	4	5	2	6
4	7	8	2	1	3	6	5	9	8	1	2	4	3	7	5	2	6	1	9	8
						4	2	3	7	8	1	5	9	6						
						8	9	6	2	5	4	3	7	1						
						5	1	7	6	9	3	2	4	8						
8	1	5	2	6	9	7	3	4	1	2	8	9	6	5	7	1	4	2	8	3
3	4	9	7	5	8	2	6	1	9	3	5	7	8	4	3	6	2	5	1	9
2	7	6	3	4	1	9	8	5	4	6	7	1	2	3	5	8	9	4	7	6
7	5	1	9	8	4	6	2	3				4	9	1	2	3	5	8	6	7
6	8	3	5	2	7	4	1	9				5	7	8	4	9	6	3	2	1
4	9	2	1	3	6	5	7	8				2	3	6	1	7	8	9	4	5
1	3	7	6	9	5	8	4	2				3	4	2	6	5	1	7	9	8
9	6	4	8	1	2	3	5	7				6	5	9	8	4	7	1	3	2
5	2	8	4	7	3	1	9	6				8	1	7	9	2	3	6	5	4

51

5	9	3	6	7	2	8	4	1				2	6	5	1	9	7	3	8	4
6	1	4	9	5	8	3	7	2				3	8	1	2	5	4	6	9	7
8	2	7	1	3	4	6	5	9				4	7	9	6	8	3	2	5	1
4	3	6	5	9	1	7	2	8				5	3	4	7	2	8	1	6	9
1	5	9	2	8	7	4	6	3				7	2	8	9	6	1	4	3	5
7	8	2	4	6	3	1	9	5				1	9	6	3	4	5	8	7	2
9	7	1	3	2	6	5	8	4	6	3	2	9	1	7	8	3	2	5	4	6
2	4	8	7	1	5	9	3	6	1	7	5	8	4	2	5	7	6	9	1	3
3	6	5	8	4	9	2	1	7	9	4	8	6	5	3	4	1	9	7	2	8
						4	5	1	2	6	3	7	9	8						
						6	9	2	8	1	7	5	3	4						
						8	7	3	5	9	4	1	2	6						
9	2	1	4	5	7	3	6	8	4	5	9	2	7	1	9	4	3	6	5	8
8	5	4	6	1	3	7	2	9	3	8	1	4	6	5	7	8	2	9	1	3
7	3	6	9	2	8	1	4	5	7	2	6	3	8	9	6	5	1	4	2	7
2	7	5	8	9	1	6	3	4				6	1	3	8	9	5	2	7	4
6	8	3	5	4	2	9	7	1				9	5	7	3	2	4	1	8	6
1	4	9	3	7	6	8	5	2				8	4	2	1	6	7	3	9	5
4	9	8	7	3	5	2	1	6				7	3	8	4	1	9	5	6	2
5	1	7	2	6	9	4	8	3				5	9	6	2	3	8	7	4	1
3	6	2	1	8	4	5	9	7				1	2	4	5	7	6	8	3	9

52

4	3	9	6	2	1	8	7	5				2	9	4	7	8	5	1	6	3
6	2	8	7	3	5	9	4	1				5	7	6	9	3	1	4	8	2
7	5	1	8	9	4	3	6	2				3	1	8	6	2	4	9	5	7
9	4	3	5	7	6	2	1	8				9	8	5	1	6	2	7	3	4
2	1	6	9	4	8	5	3	7				7	6	1	5	4	3	8	2	9
5	8	7	3	1	2	6	9	4				4	3	2	8	9	7	5	1	6
8	9	4	1	5	3	7	2	6	4	8	3	1	5	9	3	7	6	2	4	8
1	7	5	2	6	9	4	8	3	1	9	5	6	2	7	4	1	8	3	9	5
3	6	2	4	8	7	1	5	9	7	2	6	8	4	3	2	5	9	6	7	1
						6	3	7	5	1	4	9	8	2						
						2	4	1	9	6	8	3	7	5						
						5	9	8	2	3	7	4	1	6						
9	8	4	2	7	6	3	1	5	6	4	2	7	9	8	5	2	1	3	6	4
3	1	7	8	4	5	9	6	2	8	7	1	5	3	4	6	9	7	8	1	2
6	5	2	9	1	3	8	7	4	3	5	9	2	6	1	3	8	4	9	7	5
4	7	8	3	5	1	2	9	6				9	1	7	4	6	3	5	2	8
1	9	3	6	8	2	4	5	7				3	2	6	8	7	5	1	4	9
5	2	6	7	9	4	1	8	3				8	4	5	9	1	2	6	3	7
7	4	5	1	2	9	6	3	8				6	7	2	1	5	9	4	8	3
8	3	9	4	6	7	5	2	1				4	8	9	2	3	6	7	5	1
2	6	1	5	3	8	7	4	9				1	5	3	7	4	8	2	9	6

53

6	2	5	1	4	7	3	9	8				9	8	1	4	6	7	5	3	2
1	3	9	8	2	6	5	4	7				2	3	7	1	9	5	6	4	8
7	4	8	9	3	5	1	2	6				4	6	5	3	2	8	7	1	9
2	8	3	7	9	1	6	5	4				7	4	6	2	8	1	3	9	5
4	1	6	3	5	8	2	7	9				5	9	8	7	3	4	2	6	1
5	9	7	2	6	4	8	1	3				3	1	2	9	5	6	8	7	4
3	5	2	4	8	9	7	6	1	4	2	3	8	5	9	6	1	3	4	2	7
8	7	4	6	1	2	9	3	5	8	1	7	6	2	4	8	7	9	1	5	3
9	6	1	5	7	3	4	8	2	5	9	6	1	7	3	5	4	2	9	8	6
						5	1	8	3	4	9	7	6	2						
						3	7	4	2	6	5	9	1	8						
						6	2	9	7	8	1	4	3	5						
2	8	6	5	7	9	1	4	3	9	7	2	5	8	6	4	3	7	2	1	9
4	5	1	6	8	3	2	9	7	6	5	8	3	4	1	5	2	9	6	8	7
3	7	9	4	2	1	8	5	6	1	3	4	2	9	7	6	1	8	4	3	5
5	6	2	9	3	4	7	8	1				9	7	5	1	4	6	8	2	3
8	1	7	2	6	5	9	3	4				4	6	2	8	7	3	9	5	1
9	4	3	8	1	7	5	6	2				8	1	3	2	9	5	7	4	6
1	2	8	3	5	6	4	7	9				6	2	4	9	5	1	3	7	8
6	9	5	7	4	2	3	1	8				1	3	8	7	6	4	5	9	2
7	3	4	1	9	8	6	2	5				7	5	9	3	8	2	1	6	4

54

2	3	9	8	7	1	4	6	5				7	3	9	6	8	5	2	1	4
8	5	1	2	6	4	3	7	9				8	1	6	2	3	4	9	5	7
6	7	4	5	9	3	2	1	8				5	2	4	9	1	7	8	6	3
3	4	7	9	1	5	8	2	6				1	8	5	7	2	3	6	4	9
1	9	6	4	8	2	5	3	7				2	9	7	4	6	8	5	3	1
5	8	2	7	3	6	9	4	1				6	4	3	1	5	9	7	2	8
7	2	5	1	4	8	6	9	3	1	7	2	4	5	8	3	9	6	1	7	2
9	6	8	3	2	7	1	5	4	6	8	3	9	7	2	5	4	1	3	8	6
4	1	3	6	5	9	7	8	2	9	5	4	3	6	1	8	7	2	4	9	5
						8	1	7	3	2	5	6	4	9						
						9	2	5	4	1	6	7	8	3						
						3	4	6	7	9	8	2	1	5						
9	4	2	7	3	1	5	6	8	2	3	7	1	9	4	3	8	2	6	7	5
6	5	3	4	9	8	2	7	1	8	4	9	5	3	6	4	7	1	9	8	2
1	7	8	5	2	6	4	3	9	5	6	1	8	2	7	6	5	9	1	3	4
2	8	6	9	1	5	7	4	3				3	8	5	2	9	6	4	1	7
5	3	1	6	7	4	8	9	2				6	7	1	8	4	5	3	2	9
7	9	4	3	8	2	6	1	5				2	4	9	7	1	3	5	6	8
8	2	7	1	6	3	9	5	4				4	6	8	9	3	7	2	5	1
3	6	5	2	4	9	1	8	7				7	5	3	1	2	4	8	9	6
4	1	9	8	5	7	3	2	6				9	1	2	5	6	8	7	4	3

55

6	4	8	1	7	2	3	9	5				8	5	2	4	3	6	9	7	1
9	1	7	3	5	4	6	8	2				4	6	7	1	5	9	2	3	8
3	5	2	6	8	9	4	7	1				9	3	1	8	2	7	6	5	4
1	7	6	4	2	8	5	3	9				3	9	8	7	6	2	1	4	5
8	9	3	5	1	7	2	4	6				7	1	4	5	9	8	3	6	2
4	2	5	9	6	3	8	1	7				6	2	5	3	4	1	8	9	7
2	3	4	7	9	5	1	6	8	9	5	7	2	4	3	6	1	5	7	8	9
5	6	9	8	4	1	7	2	3	1	6	4	5	8	9	2	7	3	4	1	6
7	8	1	2	3	6	9	5	4	2	8	3	1	7	6	9	8	4	5	2	3
						6	8	7	4	3	2	9	1	5						
						5	4	9	7	1	6	3	2	8						
						2	3	1	8	9	5	7	6	4						
3	2	5	4	9	7	8	1	6	3	2	9	4	5	7	1	6	2	8	3	9
9	1	4	6	5	8	3	7	2	5	4	8	6	9	1	5	8	3	7	4	2
7	6	8	1	2	3	4	9	5	6	7	1	8	3	2	4	9	7	6	1	5
2	5	7	8	3	1	9	6	4				2	1	6	8	3	4	5	9	7
4	8	1	9	6	2	5	3	7				5	7	9	6	2	1	3	8	4
6	9	3	7	4	5	2	8	1				3	8	4	7	5	9	2	6	1
1	3	2	5	8	6	7	4	9				7	2	3	9	1	6	4	5	8
5	7	9	3	1	4	6	2	8				1	6	8	2	4	5	9	7	3
8	4	6	2	7	9	1	5	3				9	4	5	3	7	8	1	2	6

56

4	1	5	8	3	9	7	2	6				6	3	2	1	8	9	5	7	4
7	9	2	5	4	6	8	3	1				8	1	5	3	4	7	2	9	6
8	3	6	2	7	1	4	9	5				4	7	9	6	2	5	1	8	3
5	8	9	1	6	4	2	7	3				2	5	6	9	3	1	7	4	8
6	7	4	3	2	5	1	8	9				9	4	1	7	6	8	3	5	2
3	2	1	9	8	7	5	6	4				3	8	7	4	5	2	9	6	1
9	5	7	6	1	8	3	4	2	9	7	5	1	6	8	5	9	3	4	2	7
2	6	8	4	5	3	9	1	7	8	4	6	5	2	3	8	7	4	6	1	9
1	4	3	7	9	2	6	5	8	3	2	1	7	9	4	2	1	6	8	3	5
						8	2	3	7	1	9	4	5	6						
						7	6	5	4	8	2	9	3	1						
						1	9	4	6	5	3	8	7	2						
4	6	9	8	7	2	5	3	1	2	9	8	6	4	7	3	5	9	2	1	8
7	5	2	9	1	3	4	8	6	5	3	7	2	1	9	8	6	7	3	4	5
1	3	8	4	6	5	2	7	9	1	6	4	3	8	5	1	2	4	9	7	6
8	2	3	6	9	4	7	1	5				9	7	8	2	4	6	5	3	1
6	1	4	5	3	7	8	9	2				1	5	2	9	3	8	7	6	4
5	9	7	1	2	8	6	4	3				4	3	6	5	7	1	8	9	2
3	8	1	7	5	6	9	2	4				7	6	3	4	8	5	1	2	9
9	7	5	2	4	1	3	6	8				8	9	4	7	1	2	6	5	3
2	4	6	3	8	9	1	5	7				5	2	1	6	9	3	4	8	7

57

2	9	8	4	5	7	3	1	6				1	9	6	7	2	4	5	8	3
7	1	5	3	9	6	2	4	8				7	4	5	3	1	8	2	9	6
6	4	3	2	8	1	7	9	5				2	3	8	6	9	5	7	4	1
5	8	9	6	1	2	4	7	3				4	6	7	5	3	1	9	2	8
4	2	7	9	3	5	6	8	1				3	5	2	8	6	9	1	7	4
1	3	6	7	4	8	9	5	2				9	8	1	4	7	2	6	3	5
8	6	4	5	2	9	1	3	7	4	8	5	6	2	9	1	8	3	4	5	7
3	7	1	8	6	4	5	2	9	1	3	6	8	7	4	2	5	6	3	1	9
9	5	2	1	7	3	8	6	4	2	9	7	5	1	3	9	4	7	8	6	2
						7	5	6	3	4	8	2	9	1						
						3	9	1	7	5	2	4	8	6						
						4	8	2	6	1	9	7	3	5						
4	8	5	2	9	1	6	7	3	5	2	1	9	4	8	7	6	5	1	2	3
6	2	1	7	8	3	9	4	5	8	7	3	1	6	2	4	8	3	9	5	7
3	9	7	5	6	4	2	1	8	9	6	4	3	5	7	2	9	1	4	8	6
5	7	6	3	1	8	4	9	2				4	1	6	8	5	2	7	3	9
2	1	9	6	4	5	8	3	7				2	7	3	6	1	9	5	4	8
8	4	3	9	2	7	1	5	6				5	8	9	3	7	4	6	1	2
7	6	4	8	5	9	3	2	1				8	9	5	1	2	6	3	7	4
9	3	8	1	7	2	5	6	4				6	2	4	5	3	7	8	9	1
1	5	2	4	3	6	7	8	9				7	3	1	9	4	8	2	6	5

58

9	5	8	2	6	4	3	1	7				6	1	8	2	5	9	4	7	3
3	4	1	5	8	7	6	2	9				7	5	4	1	6	3	9	2	8
6	2	7	1	9	3	5	8	4				2	3	9	4	8	7	1	6	5
7	6	4	8	5	1	9	3	2				5	7	3	8	9	2	6	1	4
8	1	9	4	3	2	7	6	5				9	8	6	5	1	4	2	3	7
5	3	2	6	7	9	8	4	1				4	2	1	7	3	6	5	8	9
1	8	6	9	2	5	4	7	3	1	2	9	8	6	5	3	4	1	7	9	2
4	7	5	3	1	8	2	9	6	5	8	3	1	4	7	9	2	8	3	5	6
2	9	3	7	4	6	1	5	8	4	7	6	3	9	2	6	7	5	8	4	1
						8	6	9	7	1	5	4	2	3						
						3	2	5	9	4	8	6	7	1						
						7	4	1	6	3	2	9	5	8						
3	7	8	6	5	4	9	1	2	8	5	4	7	3	6	1	5	4	9	8	2
4	1	5	9	2	8	6	3	7	2	9	1	5	8	4	6	9	2	7	3	1
2	9	6	7	3	1	5	8	4	3	6	7	2	1	9	3	7	8	6	5	4
5	3	1	8	9	2	7	4	6				4	5	2	8	3	7	1	6	9
7	4	2	1	6	3	8	9	5				6	9	3	2	1	5	4	7	8
8	6	9	4	7	5	3	2	1				8	7	1	9	4	6	3	2	5
1	2	7	5	8	9	4	6	3				3	4	7	5	2	9	8	1	6
6	8	3	2	4	7	1	5	9				9	2	8	7	6	1	5	4	3
9	5	4	3	1	6	2	7	8				1	6	5	4	8	3	2	9	7

59

7	8	2	9	3	4	6	1	5				8	5	6	1	9	2	7	3	4
3	5	9	6	8	1	4	2	7				2	3	4	6	7	5	9	1	8
1	4	6	5	2	7	8	3	9				1	9	7	4	8	3	5	2	6
4	6	3	7	9	8	1	5	2				9	4	3	7	2	1	6	8	5
8	7	1	2	5	3	9	4	6				5	2	1	8	6	4	3	7	9
2	9	5	4	1	6	7	8	3				6	7	8	3	5	9	1	4	2
5	3	7	8	4	9	2	6	1	7	3	5	4	8	9	5	3	7	2	6	1
9	1	8	3	6	2	5	7	4	6	8	9	3	1	2	9	4	6	8	5	7
6	2	4	1	7	5	3	9	8	4	2	1	7	6	5	2	1	8	4	9	3
						9	4	3	2	1	7	8	5	6						
						1	8	6	5	9	4	2	3	7						
						7	2	5	8	6	3	1	9	4						
4	5	2	8	7	3	6	1	9	3	7	2	5	4	8	7	9	2	1	6	3
8	6	9	1	2	5	4	3	7	9	5	8	6	2	1	3	8	5	4	7	9
3	1	7	6	4	9	8	5	2	1	4	6	9	7	3	1	4	6	5	2	8
5	8	1	7	9	2	3	4	6				4	8	9	6	2	7	3	1	5
9	2	4	5	3	6	1	7	8				1	5	2	9	3	8	7	4	6
7	3	6	4	8	1	2	9	5				3	6	7	5	1	4	9	8	2
2	9	5	3	6	4	7	8	1				2	3	6	4	5	1	8	9	7
1	7	3	2	5	8	9	6	4				7	9	4	8	6	3	2	5	1
6	4	8	9	1	7	5	2	3				8	1	5	2	7	9	6	3	4

60

5	9	3	4	1	6	8	7	2				4	7	5	2	8	3	1	6	9
1	6	4	8	2	7	5	3	9				6	8	2	1	5	9	4	7	3
7	8	2	9	5	3	4	6	1				1	9	3	6	4	7	5	8	2
2	1	8	5	7	9	3	4	6				2	4	1	8	3	5	7	9	6
6	4	5	3	8	2	1	9	7				5	3	8	7	9	6	2	1	4
9	3	7	6	4	1	2	5	8				9	6	7	4	2	1	3	5	8
4	5	9	1	6	8	7	2	3	9	1	6	8	5	4	9	7	2	6	3	1
8	7	6	2	3	5	9	1	4	8	3	5	7	2	6	3	1	8	9	4	5
3	2	1	7	9	4	6	8	5	2	7	4	3	1	9	5	6	4	8	2	7
						4	3	9	6	2	7	1	8	5						
						2	5	7	1	8	9	6	4	3						
						8	6	1	5	4	3	2	9	7						
7	6	5	1	8	4	3	9	2	7	5	1	4	6	8	7	2	9	1	5	3
3	4	1	6	2	9	5	7	8	4	6	2	9	3	1	5	8	6	4	2	7
2	9	8	5	7	3	1	4	6	3	9	8	5	7	2	3	4	1	9	6	8
4	8	3	9	6	7	2	1	5				1	8	5	6	9	4	3	7	2
1	5	2	4	3	8	9	6	7				3	2	9	8	7	5	6	4	1
9	7	6	2	5	1	8	3	4				6	4	7	2	1	3	5	8	9
8	3	9	7	4	2	6	5	1				8	1	4	9	5	2	7	3	6
6	2	4	3	1	5	7	8	9				7	5	3	1	6	8	2	9	4
5	1	7	8	9	6	4	2	3				2	9	6	4	3	7	8	1	5

61

2	8	7	5	6	1	3	4	9				1	9	3	7	2	4	5	8	6
4	5	9	8	7	3	1	6	2				7	5	8	9	6	1	3	2	4
6	3	1	9	4	2	8	7	5				4	6	2	3	5	8	7	9	1
9	1	8	3	5	4	7	2	6				8	4	9	6	1	5	2	3	7
7	2	3	1	9	6	4	5	8				5	2	1	8	3	7	4	6	9
5	6	4	2	8	7	9	3	1				6	3	7	4	9	2	8	1	5
8	7	5	6	3	9	2	1	4	3	5	7	9	8	6	5	7	3	1	4	2
3	9	2	4	1	5	6	8	7	4	2	9	3	1	5	2	4	9	6	7	8
1	4	6	7	2	8	5	9	3	1	8	6	2	7	4	1	8	6	9	5	3
						9	7	1	2	4	5	8	6	3						
						3	4	5	9	6	8	1	2	7						
						8	2	6	7	1	3	5	4	9						
3	4	8	9	5	7	1	6	2	5	9	4	7	3	8	6	2	1	4	9	5
1	9	2	4	3	6	7	5	8	6	3	2	4	9	1	7	3	5	8	6	2
7	5	6	2	1	8	4	3	9	8	7	1	6	5	2	8	9	4	3	1	7
6	7	5	1	8	2	9	4	3				3	8	9	5	1	6	7	2	4
4	1	3	5	7	9	2	8	6				2	1	4	9	7	8	5	3	6
8	2	9	6	4	3	5	1	7				5	6	7	3	4	2	9	8	1
9	3	1	7	6	4	8	2	5				9	2	3	1	5	7	6	4	8
2	6	4	8	9	5	3	7	1				8	4	5	2	6	3	1	7	9
5	8	7	3	2	1	6	9	4				1	7	6	4	8	9	2	5	3

62

4	5	8	6	2	3	7	9	1				7	4	5	6	1	9	2	8	3
3	2	9	5	1	7	4	6	8				8	1	2	5	7	3	4	6	9
6	7	1	4	8	9	5	2	3				3	9	6	8	4	2	5	7	1
9	8	4	3	7	6	2	1	5				9	2	7	4	3	6	8	1	5
1	6	5	8	4	2	9	3	7				4	5	3	9	8	1	6	2	7
2	3	7	9	5	1	8	4	6				1	6	8	7	2	5	9	3	4
5	1	3	7	9	4	6	8	2	9	3	4	5	7	1	2	6	4	3	9	8
7	4	6	2	3	8	1	5	9	7	6	8	2	3	4	1	9	8	7	5	6
8	9	2	1	6	5	3	7	4	5	1	2	6	8	9	3	5	7	1	4	2
						5	2	1	6	9	7	3	4	8						
						8	4	7	2	5	3	9	1	6						
						9	3	6	4	8	1	7	5	2						
9	7	5	1	2	8	4	6	3	1	2	5	8	9	7	3	2	6	1	4	5
6	3	4	7	5	9	2	1	8	3	7	9	4	6	5	1	9	8	2	3	7
1	8	2	3	4	6	7	9	5	8	4	6	1	2	3	5	4	7	9	8	6
2	4	3	9	8	5	1	7	6				9	1	6	8	5	3	7	2	4
8	9	1	6	7	2	3	5	4				5	4	8	9	7	2	3	6	1
5	6	7	4	1	3	9	8	2				3	7	2	6	1	4	5	9	8
3	2	9	8	6	1	5	4	7				7	5	4	2	8	9	6	1	3
7	5	6	2	9	4	8	3	1				6	8	9	7	3	1	4	5	2
4	1	8	5	3	7	6	2	9				2	3	1	4	6	5	8	7	9

63

2	9	1	8	6	3	7	5	4				4	9	6	2	3	8	5	7	1
7	8	5	2	9	4	1	6	3				8	1	3	7	5	9	6	4	2
6	3	4	7	5	1	2	9	8				2	7	5	1	4	6	9	8	3
8	2	9	3	1	6	5	4	7				6	3	2	8	9	5	4	1	7
5	7	6	9	4	8	3	2	1				9	5	7	3	1	4	8	2	6
4	1	3	5	7	2	9	8	6				1	4	8	6	2	7	3	5	9
3	6	7	4	2	5	8	1	9	5	7	6	3	2	4	9	8	1	7	6	5
1	5	8	6	3	9	4	7	2	8	9	3	5	6	1	4	7	3	2	9	8
9	4	2	1	8	7	6	3	5	4	1	2	7	8	9	5	6	2	1	3	4
						9	2	1	6	5	4	8	7	3						
						5	8	4	3	2	7	1	9	6						
						7	6	3	9	8	1	4	5	2						
4	1	9	8	2	7	3	5	6	7	4	9	2	1	8	6	3	7	9	4	5
6	8	3	4	1	5	2	9	7	1	3	8	6	4	5	9	1	8	2	7	3
7	5	2	6	3	9	1	4	8	2	6	5	9	3	7	2	5	4	1	6	8
5	2	7	3	4	1	8	6	9				4	9	6	7	8	2	5	3	1
8	9	1	7	5	6	4	2	3				5	7	2	3	4	1	6	8	9
3	4	6	2	9	8	5	7	1				3	8	1	5	9	6	4	2	7
9	3	8	5	7	4	6	1	2				8	5	9	4	6	3	7	1	2
1	6	5	9	8	2	7	3	4				7	6	3	1	2	9	8	5	4
2	7	4	1	6	3	9	8	5				1	2	4	8	7	5	3	9	6

64

9	7	8	2	6	1	5	4	3				9	5	4	7	2	6	8	3	1
2	4	3	9	5	8	6	7	1				3	2	1	5	4	8	9	7	6
1	5	6	7	3	4	9	8	2				8	6	7	1	3	9	2	4	5
5	2	1	3	4	9	8	6	7				7	9	2	6	1	4	5	8	3
8	3	4	6	7	5	1	2	9				1	8	3	2	7	5	6	9	4
6	9	7	1	8	2	4	3	5				6	4	5	8	9	3	1	2	7
4	6	2	5	9	3	7	1	8	2	4	9	5	3	6	9	8	7	4	1	2
3	8	9	4	1	7	2	5	6	3	7	8	4	1	9	3	5	2	7	6	8
7	1	5	8	2	6	3	9	4	6	1	5	2	7	8	4	6	1	3	5	9
						4	6	1	9	3	7	8	2	5						
						8	3	9	1	5	2	6	4	7						
						5	7	2	8	6	4	3	9	1						
2	4	1	5	6	7	9	8	3	7	2	6	1	5	4	7	8	2	3	6	9
5	6	3	2	8	9	1	4	7	5	8	3	9	6	2	3	5	1	4	8	7
7	9	8	3	1	4	6	2	5	4	9	1	7	8	3	9	6	4	5	2	1
9	5	6	8	7	2	3	1	4				8	1	6	5	3	7	2	9	4
3	7	2	4	9	1	8	5	6				5	2	7	6	4	9	1	3	8
1	8	4	6	3	5	2	7	9				3	4	9	1	2	8	7	5	6
6	1	7	9	4	8	5	3	2				6	7	5	8	1	3	9	4	2
8	3	5	7	2	6	4	9	1				4	3	1	2	9	6	8	7	5
4	2	9	1	5	3	7	6	8				2	9	8	4	7	5	6	1	3

65

3	7	9	2	4	8	5	1	6				7	5	3	4	2	9	6	8	1
4	1	2	6	7	5	9	3	8				1	4	9	8	7	6	5	3	2
6	8	5	9	3	1	2	4	7				8	2	6	1	3	5	9	7	4
8	5	4	3	2	6	1	7	9				3	9	5	7	4	2	1	6	8
1	2	6	8	9	7	4	5	3				4	1	2	5	6	8	7	9	3
7	9	3	5	1	4	8	6	2				6	8	7	9	1	3	2	4	5
2	4	8	1	6	3	7	9	5	1	4	6	2	3	8	6	9	1	4	5	7
5	3	1	7	8	9	6	2	4	8	3	5	9	7	1	3	5	4	8	2	6
9	6	7	4	5	2	3	8	1	2	9	7	5	6	4	2	8	7	3	1	9
						5	4	7	3	2	8	1	9	6						
						1	3	8	6	5	9	4	2	7						
						2	6	9	7	1	4	3	8	5						
6	8	9	1	5	3	4	7	2	5	6	3	8	1	9	6	3	4	7	5	2
7	1	2	6	4	9	8	5	3	9	7	1	6	4	2	7	1	5	3	8	9
5	3	4	7	2	8	9	1	6	4	8	2	7	5	3	9	8	2	4	1	6
4	5	7	8	3	2	1	6	9				1	3	4	5	7	6	9	2	8
9	2	1	4	7	6	3	8	5				5	9	6	8	2	3	1	7	4
8	6	3	9	1	5	7	2	4				2	7	8	4	9	1	6	3	5
3	9	5	2	8	1	6	4	7				9	8	1	2	6	7	5	4	3
1	4	6	5	9	7	2	3	8				4	6	7	3	5	8	2	9	1
2	7	8	3	6	4	5	9	1				3	2	5	1	4	9	8	6	7

66

9	8	5	1	2	3	7	4	6				7	3	5	9	8	6	4	2	1
7	3	2	6	5	4	1	9	8				8	6	2	4	3	1	9	7	5
4	6	1	7	9	8	2	3	5				4	9	1	2	7	5	3	6	8
6	5	4	9	3	7	8	2	1				5	4	3	6	2	9	8	1	7
2	9	8	4	1	6	5	7	3				9	8	6	7	1	3	2	5	4
3	1	7	2	8	5	4	6	9				2	1	7	8	5	4	6	3	9
8	4	9	3	7	1	6	5	2	3	9	8	1	7	4	3	6	8	5	9	2
5	7	3	8	6	2	9	1	4	2	6	7	3	5	8	1	9	2	7	4	6
1	2	6	5	4	9	3	8	7	5	1	4	6	2	9	5	4	7	1	8	3
						1	4	9	6	3	5	7	8	2						
						7	3	5	8	2	9	4	1	6						
						2	6	8	7	4	1	9	3	5						
7	5	6	2	1	8	4	9	3	1	8	2	5	6	7	9	2	4	3	1	8
4	1	8	9	7	3	5	2	6	4	7	3	8	9	1	3	5	7	6	2	4
3	2	9	4	6	5	8	7	1	9	5	6	2	4	3	1	8	6	9	7	5
2	6	4	3	5	9	1	8	7				7	2	8	6	4	3	5	9	1
5	8	7	1	4	6	2	3	9				4	5	6	2	1	9	7	8	3
1	9	3	7	8	2	6	5	4				1	3	9	5	7	8	2	4	6
6	4	5	8	9	7	3	1	2				3	7	2	4	6	1	8	5	9
9	3	1	5	2	4	7	6	8				9	1	5	8	3	2	4	6	7
8	7	2	6	3	1	9	4	5				6	8	4	7	9	5	1	3	2

67

1	4	6	8	5	3	2	9	7				9	7	4	5	1	3	6	2	8
3	2	7	6	9	1	5	4	8				8	2	6	9	4	7	5	1	3
5	9	8	2	4	7	1	6	3				5	1	3	8	6	2	7	9	4
4	5	3	1	8	9	6	7	2				2	5	9	1	7	8	3	4	6
2	6	9	7	3	5	8	1	4				6	4	7	3	5	9	2	8	1
7	8	1	4	6	2	3	5	9				3	8	1	4	2	6	9	7	5
6	3	4	5	7	8	9	2	1	7	3	5	4	6	8	2	9	5	1	3	7
9	7	2	3	1	6	4	8	5	1	9	6	7	3	2	6	8	1	4	5	9
8	1	5	9	2	4	7	3	6	2	4	8	1	9	5	7	3	4	8	6	2
						5	7	9	4	6	3	2	8	1						
						3	4	8	5	2	1	9	7	6						
						6	1	2	8	7	9	3	5	4						
3	2	4	6	1	9	8	5	7	9	1	2	6	4	3	7	1	2	5	8	9
8	7	6	4	2	5	1	9	3	6	8	4	5	2	7	8	4	9	3	1	6
1	5	9	8	3	7	2	6	4	3	5	7	8	1	9	3	6	5	4	7	2
6	4	3	9	7	8	5	2	1				9	5	4	6	2	7	1	3	8
7	8	2	5	4	1	6	3	9				1	6	2	5	3	8	9	4	7
9	1	5	2	6	3	7	4	8				7	3	8	1	9	4	2	6	5
5	9	7	3	8	6	4	1	2				3	8	1	9	5	6	7	2	4
2	6	1	7	9	4	3	8	5				4	7	5	2	8	1	6	9	3
4	3	8	1	5	2	9	7	6				2	9	6	4	7	3	8	5	1

Samurai Su Doku

68

9	8	6	5	3	7	4	1	2				8	6	2	3	5	9	7	4	1
4	2	3	6	9	1	5	8	7				7	5	1	4	6	2	9	3	8
7	1	5	4	8	2	9	6	3				9	3	4	8	7	1	6	2	5
8	6	1	2	7	5	3	9	4				5	2	8	9	4	6	3	1	7
2	5	9	3	1	4	6	7	8				6	4	3	2	1	7	8	5	9
3	7	4	9	6	8	1	2	5				1	7	9	5	3	8	4	6	2
1	4	2	7	5	6	8	3	9	5	4	6	2	1	7	6	8	3	5	9	4
5	3	8	1	2	9	7	4	6	2	1	9	3	8	5	1	9	4	2	7	6
6	9	7	8	4	3	2	5	1	7	3	8	4	9	6	7	2	5	1	8	3
						5	1	4	8	6	7	9	2	3						
						6	7	3	1	9	2	5	4	8						
						9	8	2	3	5	4	7	6	1						
8	6	1	4	7	9	3	2	5	9	8	1	6	7	4	5	1	2	8	3	9
3	7	5	2	6	1	4	9	8	6	7	5	1	3	2	9	7	8	5	4	6
9	2	4	8	5	3	1	6	7	4	2	3	8	5	9	3	6	4	1	2	7
5	1	8	3	2	4	6	7	9				3	8	5	4	9	7	6	1	2
7	4	2	5	9	6	8	1	3				2	1	7	6	5	3	4	9	8
6	3	9	1	8	7	2	5	4				9	4	6	8	2	1	3	7	5
1	8	7	6	3	5	9	4	2				7	2	8	1	3	5	9	6	4
2	9	6	7	4	8	5	3	1				4	6	3	2	8	9	7	5	1
4	5	3	9	1	2	7	8	6				5	9	1	7	4	6	2	8	3

69

5	7	9	4	8	3	6	1	2				3	7	2	5	8	6	9	1	4
1	4	3	2	6	9	7	8	5				6	4	5	9	2	1	3	7	8
2	8	6	5	1	7	3	9	4				8	9	1	7	4	3	6	2	5
7	5	2	1	3	8	9	4	6				4	1	9	2	3	5	8	6	7
6	3	1	7	9	4	2	5	8				5	2	3	6	7	8	1	4	9
4	9	8	6	5	2	1	7	3				7	8	6	4	1	9	5	3	2
9	2	4	8	7	6	5	3	1	8	2	4	9	6	7	3	5	2	4	8	1
3	6	5	9	4	1	8	2	7	9	6	5	1	3	4	8	9	7	2	5	6
8	1	7	3	2	5	4	6	9	3	1	7	2	5	8	1	6	4	7	9	3
						9	5	3	2	8	6	4	7	1						
						7	4	2	5	3	1	8	9	6						
						1	8	6	7	4	9	5	2	3						
4	1	2	9	3	5	6	7	8	1	9	2	3	4	5	7	6	1	9	2	8
8	5	6	2	7	1	3	9	4	6	5	8	7	1	2	9	3	8	4	5	6
3	9	7	6	4	8	2	1	5	4	7	3	6	8	9	5	2	4	1	3	7
2	8	3	1	6	9	4	5	7				2	9	3	8	7	6	5	4	1
1	7	5	8	2	4	9	3	6				1	6	7	4	5	9	2	8	3
9	6	4	3	5	7	8	2	1				4	5	8	3	1	2	7	6	9
6	4	9	5	1	3	7	8	2				5	3	4	6	9	7	8	1	2
5	2	8	7	9	6	1	4	3				8	7	1	2	4	3	6	9	5
7	3	1	4	8	2	5	6	9				9	2	6	1	8	5	3	7	4

70

9	5	4	3	2	7	6	8	1				4	5	1	8	3	9	2	7	6
6	8	3	1	4	5	7	9	2				6	7	9	1	2	5	8	3	4
7	1	2	9	6	8	3	4	5				2	3	8	7	4	6	5	1	9
3	2	8	7	5	6	4	1	9				9	8	5	6	7	4	3	2	1
4	7	6	2	9	1	5	3	8				3	1	6	9	8	2	7	4	5
5	9	1	4	8	3	2	7	6				7	2	4	3	5	1	9	6	8
2	6	9	8	3	4	1	5	7	9	4	3	8	6	2	5	1	3	4	9	7
1	3	5	6	7	9	8	2	4	1	7	6	5	9	3	4	6	7	1	8	2
8	4	7	5	1	2	9	6	3	8	2	5	1	4	7	2	9	8	6	5	3
						3	9	2	5	8	4	7	1	6						
						7	8	6	2	1	9	4	3	5						
						4	1	5	6	3	7	9	2	8						
6	5	1	9	4	7	2	3	8	7	9	1	6	5	4	2	8	9	1	3	7
9	8	4	2	5	3	6	7	1	4	5	2	3	8	9	7	6	1	2	5	4
3	2	7	6	8	1	5	4	9	3	6	8	2	7	1	4	5	3	8	9	6
1	3	8	4	2	5	9	6	7				5	6	3	1	2	7	9	4	8
4	7	5	1	6	9	3	8	2				4	1	8	5	9	6	7	2	3
2	9	6	7	3	8	1	5	4				9	2	7	8	3	4	5	6	1
8	1	3	5	7	2	4	9	6				7	9	2	3	4	8	6	1	5
5	6	9	8	1	4	7	2	3				1	4	6	9	7	5	3	8	2
7	4	2	3	9	6	8	1	5				8	3	5	6	1	2	4	7	9

71

5	4	7	8	3	2	1	9	6				5	8	2	1	7	4	9	6	3
3	9	2	1	6	4	5	7	8				3	6	7	2	9	8	1	4	5
1	6	8	7	9	5	3	2	4				4	9	1	5	6	3	2	8	7
2	7	4	5	1	6	9	8	3				9	7	4	3	1	2	8	5	6
8	3	5	9	2	7	6	4	1				6	1	8	4	5	7	3	9	2
9	1	6	3	4	8	2	5	7				2	3	5	6	8	9	7	1	4
7	8	3	2	5	1	4	6	9	7	8	5	1	2	3	8	4	5	6	7	9
4	5	9	6	8	3	7	1	2	3	6	4	8	5	9	7	2	6	4	3	1
6	2	1	4	7	9	8	3	5	1	9	2	7	4	6	9	3	1	5	2	8
						3	2	4	8	1	9	5	6	7						
						1	8	6	5	3	7	4	9	2						
						5	9	7	4	2	6	3	1	8						
6	1	8	9	5	4	2	7	3	6	5	1	9	8	4	5	7	1	2	3	6
5	3	2	6	7	8	9	4	1	2	7	8	6	3	5	4	2	9	1	7	8
4	7	9	1	3	2	6	5	8	9	4	3	2	7	1	3	8	6	4	9	5
8	6	5	3	2	1	4	9	7				8	5	2	7	9	3	6	4	1
3	2	4	7	9	5	8	1	6				7	9	6	2	1	4	5	8	3
7	9	1	4	8	6	5	3	2				1	4	3	8	6	5	7	2	9
2	8	3	5	4	7	1	6	9				3	2	7	6	5	8	9	1	4
1	4	7	2	6	9	3	8	5				4	6	9	1	3	2	8	5	7
9	5	6	8	1	3	7	2	4				5	1	8	9	4	7	3	6	2

72

6	5	1	7	2	4	8	3	9				9	4	6	5	8	7	1	2	3
3	2	9	5	8	1	6	7	4				3	8	2	1	9	4	5	7	6
7	4	8	6	3	9	5	2	1				7	1	5	2	3	6	8	9	4
4	8	6	9	7	3	1	5	2				1	7	8	4	2	3	6	5	9
5	3	7	2	1	6	9	4	8				2	5	3	6	7	9	4	1	8
9	1	2	8	4	5	3	6	7				6	9	4	8	5	1	2	3	7
8	7	5	1	6	2	4	9	3	6	1	5	8	2	7	3	6	5	9	4	1
1	9	3	4	5	7	2	8	6	4	9	7	5	3	1	9	4	8	7	6	2
2	6	4	3	9	8	7	1	5	8	2	3	4	6	9	7	1	2	3	8	5
						3	5	2	1	8	4	9	7	6						
						9	6	4	3	7	2	1	5	8						
						8	7	1	9	5	6	3	4	2						
9	2	5	7	1	4	6	3	8	7	4	9	2	1	5	9	8	4	3	6	7
4	3	8	9	6	5	1	2	7	5	3	8	6	9	4	3	7	2	1	5	8
6	7	1	2	3	8	5	4	9	2	6	1	7	8	3	6	5	1	4	2	9
3	6	4	5	9	1	8	7	2				5	4	1	7	3	6	8	9	2
2	1	9	8	7	6	3	5	4				3	7	8	2	4	9	5	1	6
5	8	7	3	4	2	9	1	6				9	6	2	8	1	5	7	4	3
1	9	2	4	8	3	7	6	5				4	2	7	5	9	3	6	8	1
8	4	6	1	5	7	2	9	3				8	5	9	1	6	7	2	3	4
7	5	3	6	2	9	4	8	1				1	3	6	4	2	8	9	7	5

73

6	4	7	8	5	1	2	3	9				4	8	7	1	5	6	2	9	3
8	9	5	7	2	3	1	6	4				1	3	6	2	7	9	4	8	5
3	2	1	6	4	9	7	5	8				5	9	2	4	8	3	1	7	6
5	8	4	1	3	7	6	9	2				7	6	9	5	3	1	8	4	2
9	1	2	4	6	8	3	7	5				3	2	4	8	6	7	9	5	1
7	6	3	2	9	5	4	8	1				8	1	5	9	2	4	6	3	7
1	5	6	9	7	2	8	4	3	7	9	6	2	5	1	3	9	8	7	6	4
2	7	9	3	8	4	5	1	6	2	8	4	9	7	3	6	4	2	5	1	8
4	3	8	5	1	6	9	2	7	1	3	5	6	4	8	7	1	5	3	2	9
						6	3	2	8	7	1	5	9	4						
						4	9	5	3	6	2	1	8	7						
						1	7	8	4	5	9	3	6	2						
9	7	2	5	8	1	3	6	4	9	2	7	8	1	5	2	3	7	4	6	9
5	1	6	3	4	2	7	8	9	5	1	3	4	2	6	8	9	1	7	5	3
8	4	3	9	6	7	2	5	1	6	4	8	7	3	9	4	5	6	1	2	8
1	2	4	6	7	3	8	9	5				5	4	3	9	1	8	6	7	2
7	9	8	1	5	4	6	2	3				1	7	8	3	6	2	9	4	5
3	6	5	2	9	8	1	4	7				9	6	2	7	4	5	3	8	1
4	3	9	7	2	6	5	1	8				3	5	7	6	2	9	8	1	4
2	5	1	8	3	9	4	7	6				6	9	1	5	8	4	2	3	7
6	8	7	4	1	5	9	3	2				2	8	4	1	7	3	5	9	6

74

9	7	2	5	4	1	3	8	6				7	3	2	4	9	8	5	6	1
4	3	1	8	6	9	7	5	2				1	5	9	3	7	6	2	8	4
6	8	5	2	3	7	4	9	1				6	8	4	2	1	5	3	7	9
8	1	9	3	7	6	5	2	4				8	2	5	1	4	7	9	3	6
2	6	3	4	9	5	1	7	8				3	9	1	5	6	2	7	4	8
5	4	7	1	8	2	9	6	3				4	6	7	9	8	3	1	2	5
7	2	6	9	1	3	8	4	5	7	6	2	9	1	3	8	2	4	6	5	7
1	9	8	6	5	4	2	3	7	9	1	8	5	4	6	7	3	9	8	1	2
3	5	4	7	2	8	6	1	9	3	5	4	2	7	8	6	5	1	4	9	3
						7	2	1	8	3	5	4	6	9						
						3	9	6	4	2	1	8	5	7						
						4	5	8	6	9	7	1	3	2						
7	1	2	6	5	3	9	8	4	5	7	6	3	2	1	4	5	6	7	9	8
6	4	3	1	8	9	5	7	2	1	8	3	6	9	4	8	3	7	5	2	1
5	8	9	4	2	7	1	6	3	2	4	9	7	8	5	1	9	2	3	6	4
9	3	7	5	1	2	6	4	8				1	7	2	9	4	8	6	5	3
8	6	1	7	3	4	2	9	5				9	5	8	3	6	1	4	7	2
4	2	5	9	6	8	3	1	7				4	3	6	7	2	5	1	8	9
1	7	4	3	9	5	8	2	6				5	6	9	2	1	3	8	4	7
2	5	6	8	7	1	4	3	9				2	1	7	5	8	4	9	3	6
3	9	8	2	4	6	7	5	1				8	4	3	6	7	9	2	1	5

75

6	8	5	2	9	7	4	3	1				2	4	1	6	5	9	8	7	3
3	7	9	6	4	1	8	2	5				3	9	8	1	7	4	2	6	5
2	1	4	5	8	3	6	7	9				5	7	6	2	3	8	4	1	9
5	2	6	1	3	4	9	8	7				4	3	5	9	2	1	7	8	6
7	4	8	9	5	6	3	1	2				8	1	7	4	6	3	9	5	2
9	3	1	8	7	2	5	4	6				6	2	9	5	8	7	1	3	4
8	9	2	4	1	5	7	6	3	2	5	1	9	8	4	3	1	6	5	2	7
1	5	7	3	6	8	2	9	4	6	8	7	1	5	3	7	9	2	6	4	8
4	6	3	7	2	9	1	5	8	4	9	3	7	6	2	8	4	5	3	9	1
						3	2	6	9	1	4	8	7	5						
						4	8	7	5	6	2	3	1	9						
						5	1	9	7	3	8	2	4	6						
3	7	5	2	8	6	9	4	1	3	7	6	5	2	8	9	1	4	6	7	3
9	4	6	1	7	5	8	3	2	1	4	5	6	9	7	3	5	8	1	4	2
2	8	1	3	9	4	6	7	5	8	2	9	4	3	1	2	7	6	9	8	5
6	2	4	5	3	7	1	8	9				1	7	4	8	6	5	3	2	9
7	3	9	8	2	1	5	6	4				2	8	3	1	9	7	4	5	6
1	5	8	4	6	9	7	2	3				9	6	5	4	3	2	8	1	7
4	6	2	9	5	8	3	1	7				7	1	2	6	8	3	5	9	4
5	1	7	6	4	3	2	9	8				3	5	9	7	4	1	2	6	8
8	9	3	7	1	2	4	5	6				8	4	6	5	2	9	7	3	1

76

						4	6	9	5	1	3	2	8	7						
						7	3	2	8	9	4	5	6	1						
						5	8	1	7	2	6	3	9	4						
						9	7	3	2	8	5	1	4	6						
						1	2	5	6	4	9	7	3	8						
						6	4	8	1	3	7	9	2	5						
4	9	3	6	2	5	8	1	7	3	6	2	4	5	9	2	7	6	1	3	8
7	6	8	1	3	9	2	5	4	9	7	8	6	1	3	8	5	4	9	2	7
5	2	1	8	7	4	3	9	6	4	5	1	8	7	2	9	1	3	5	4	6
1	5	7	4	8	6	9	2	3	5	8	4	1	6	7	3	2	9	8	5	4
2	4	9	3	5	7	1	6	8	7	2	3	9	4	5	6	8	7	3	1	2
3	8	6	9	1	2	4	7	5	6	1	9	2	3	8	1	4	5	7	6	9
6	1	4	7	9	3	5	8	2	1	3	6	7	9	4	5	3	2	6	8	1
8	7	5	2	4	1	6	3	9	8	4	7	5	2	1	7	6	8	4	9	3
9	3	2	5	6	8	7	4	1	2	9	5	3	8	6	4	9	1	2	7	5
						8	7	3	6	1	4	2	5	9						
						2	9	4	3	5	8	6	1	7						
						1	6	5	9	7	2	8	4	3						
						4	1	8	7	2	3	9	6	5						
						3	5	6	4	8	9	1	7	2						
						9	2	7	5	6	1	4	3	8						

77

						7	8	1	5	4	2	6	9	3						
						4	9	5	8	3	6	1	7	2						
						3	6	2	9	1	7	5	4	8						
						6	2	4	1	7	9	3	8	5						
						5	1	8	3	6	4	7	2	9						
						9	3	7	2	8	5	4	6	1						
7	2	1	4	3	9	8	5	6	4	9	1	2	3	7	9	6	1	8	5	4
5	4	3	8	2	6	1	7	9	6	2	3	8	5	4	7	3	2	6	1	9
6	9	8	5	7	1	2	4	3	7	5	8	9	1	6	8	5	4	3	2	7
4	1	6	9	5	7	3	2	8	1	7	6	4	9	5	6	1	8	2	7	3
8	7	2	1	4	3	6	9	5	8	4	2	3	7	1	4	2	5	9	8	6
9	3	5	2	6	8	4	1	7	9	3	5	6	2	8	3	9	7	5	4	1
2	5	9	6	8	4	7	3	1	2	6	4	5	8	9	1	7	3	4	6	2
1	6	7	3	9	2	5	8	4	3	1	9	7	6	2	5	4	9	1	3	8
3	8	4	7	1	5	9	6	2	5	8	7	1	4	3	2	8	6	7	9	5
						1	2	6	9	4	8	3	7	5						
						3	4	7	1	5	6	2	9	8						
						8	9	5	7	3	2	4	1	6						
						4	7	9	6	2	3	8	5	1						
						2	5	8	4	9	1	6	3	7						
						6	1	3	8	7	5	9	2	4						

78

						7	6	5	8	2	1	9	3	4						
						8	9	4	5	3	6	7	2	1						
						1	2	3	7	4	9	8	6	5						
						6	8	2	1	9	4	5	7	3						
						3	5	1	2	6	7	4	9	8						
						4	7	9	3	5	8	6	1	2						
9	4	7	3	8	2	5	1	6	4	7	3	2	8	9	3	6	1	4	7	5
1	6	8	4	9	5	2	3	7	9	8	5	1	4	6	7	5	9	2	3	8
2	3	5	6	7	1	9	4	8	6	1	2	3	5	7	2	4	8	6	9	1
6	9	1	7	5	8	4	2	3	1	5	9	7	6	8	9	2	3	5	1	4
7	8	2	9	3	4	1	6	5	8	3	7	9	2	4	1	8	5	7	6	3
4	5	3	1	2	6	7	8	9	2	4	6	5	1	3	6	7	4	8	2	9
5	1	4	8	6	7	3	9	2	5	6	8	4	7	1	5	3	2	9	8	6
8	7	9	2	4	3	6	5	1	7	9	4	8	3	2	4	9	6	1	5	7
3	2	6	5	1	9	8	7	4	3	2	1	6	9	5	8	1	7	3	4	2
						1	4	8	6	7	9	2	5	3						
						7	2	3	4	8	5	9	1	6						
						9	6	5	1	3	2	7	8	4						
						2	3	9	8	1	6	5	4	7						
						5	8	7	2	4	3	1	6	9						
						4	1	6	9	5	7	3	2	8						

79

						4	1	9	7	6	5	2	8	3						
						7	6	3	8	2	1	5	4	9						
						5	2	8	4	9	3	6	1	7						
						2	9	1	3	5	6	8	7	4						
						3	4	7	2	1	8	9	5	6						
						6	8	5	9	7	4	3	2	1						
6	7	3	2	1	9	8	5	4	1	3	9	7	6	2	4	1	8	5	9	3
4	5	9	8	7	6	1	3	2	6	8	7	4	9	5	2	3	6	1	7	8
1	8	2	4	3	5	9	7	6	5	4	2	1	3	8	9	7	5	6	4	2
9	1	6	3	5	7	4	2	8	3	6	1	9	5	7	8	2	1	3	6	4
7	3	8	6	2	4	5	1	9	7	2	4	3	8	6	7	9	4	2	1	5
2	4	5	9	8	1	7	6	3	8	9	5	2	4	1	5	6	3	9	8	7
5	2	4	1	9	3	6	8	7	9	1	3	5	2	4	1	8	9	7	3	6
8	9	7	5	6	2	3	4	1	2	5	8	6	7	9	3	4	2	8	5	1
3	6	1	7	4	8	2	9	5	4	7	6	8	1	3	6	5	7	4	2	9
						5	2	9	7	6	1	3	4	8						
						8	3	6	5	4	2	1	9	7						
						7	1	4	8	3	9	2	5	6						
						9	7	3	6	2	5	4	8	1						
						4	6	2	1	8	7	9	3	5						
						1	5	8	3	9	4	7	6	2						

80

						6	1	7	8	4	3	5	9	2						
						3	5	8	1	2	9	6	7	4						
						9	2	4	6	5	7	1	3	8						
						8	9	2	7	1	4	3	6	5						
						4	6	1	5	3	8	9	2	7						
						7	3	5	9	6	2	4	8	1						
2	4	5	3	9	7	1	8	6	3	7	5	2	4	9	6	8	1	7	3	5
8	7	3	2	6	1	5	4	9	2	8	6	7	1	3	9	4	5	8	2	6
1	9	6	5	8	4	2	7	3	4	9	1	8	5	6	3	2	7	4	1	9
7	5	8	9	3	2	6	1	4	8	2	9	3	7	5	2	6	8	1	9	4
4	6	1	8	7	5	3	9	2	1	5	7	4	6	8	1	9	3	2	5	7
3	2	9	4	1	6	7	5	8	6	4	3	9	2	1	5	7	4	6	8	3
6	8	2	1	5	9	4	3	7	5	6	8	1	9	2	4	5	6	3	7	8
5	3	4	7	2	8	9	6	1	7	3	2	5	8	4	7	3	2	9	6	1
9	1	7	6	4	3	8	2	5	9	1	4	6	3	7	8	1	9	5	4	2
						6	9	8	2	7	1	4	5	3						
						1	5	4	6	9	3	2	7	8						
						3	7	2	8	4	5	9	6	1						
						5	8	3	1	2	9	7	4	6						
						7	1	9	4	8	6	3	2	5						
						2	4	6	3	5	7	8	1	9						

81

						6	2	1	8	7	5	3	9	4						
						8	9	3	2	1	4	5	6	7						
						4	5	7	6	3	9	1	8	2						
						2	1	9	5	6	3	4	7	8						
						7	3	8	1	4	2	9	5	6						
						5	4	6	9	8	7	2	3	1						
6	2	7	9	5	3	1	8	4	3	5	6	7	2	9	8	6	3	5	4	1
9	4	5	1	8	6	3	7	2	4	9	8	6	1	5	2	9	4	3	8	7
3	1	8	2	7	4	9	6	5	7	2	1	8	4	3	7	5	1	2	9	6
1	8	3	6	9	2	4	5	7	9	1	3	2	8	6	3	4	5	7	1	9
2	5	9	3	4	7	8	1	6	5	7	2	9	3	4	1	7	8	6	2	5
4	7	6	8	1	5	2	9	3	6	8	4	5	7	1	6	2	9	4	3	8
8	3	2	5	6	9	7	4	1	8	6	5	3	9	2	5	8	6	1	7	4
7	6	1	4	2	8	5	3	9	2	4	7	1	6	8	4	3	7	9	5	2
5	9	4	7	3	1	6	2	8	1	3	9	4	5	7	9	1	2	8	6	3
						1	8	7	4	5	2	6	3	9						
						4	9	5	3	8	6	2	7	1						
						3	6	2	7	9	1	8	4	5						
						8	5	4	9	2	3	7	1	6						
						9	7	3	6	1	8	5	2	4						
						2	1	6	5	7	4	9	8	3						

82

						9	2	8	4	6	3	7	5	1						
						6	1	5	8	2	7	4	3	9						
						7	3	4	5	9	1	6	2	8						
						3	6	9	1	5	8	2	4	7						
						2	8	1	7	4	6	5	9	3						
						5	4	7	9	3	2	1	8	6						
4	3	7	9	8	2	1	5	6	3	8	4	9	7	2	5	4	1	6	3	8
8	2	9	1	5	6	4	7	3	2	1	9	8	6	5	9	2	3	4	1	7
5	6	1	3	4	7	8	9	2	6	7	5	3	1	4	7	6	8	2	9	5
6	4	3	7	2	1	5	8	9	7	4	1	6	2	3	1	8	7	9	5	4
7	8	2	5	3	9	6	1	4	8	3	2	5	9	7	4	3	6	8	2	1
9	1	5	4	6	8	3	2	7	5	9	6	1	4	8	2	9	5	7	6	3
3	5	8	2	9	4	7	6	1	4	5	8	2	3	9	8	5	4	1	7	6
1	9	4	6	7	5	2	3	8	9	6	7	4	5	1	6	7	2	3	8	9
2	7	6	8	1	3	9	4	5	1	2	3	7	8	6	3	1	9	5	4	2
						1	2	3	7	8	4	6	9	5						
						5	7	9	6	1	2	8	4	3						
						6	8	4	5	3	9	1	7	2						
						8	9	2	3	4	6	5	1	7						
						3	1	6	8	7	5	9	2	4						
						4	5	7	2	9	1	3	6	8						

83

						3	4	8	5	9	1	6	2	7						
						2	9	1	4	7	6	5	3	8						
						5	7	6	8	2	3	4	1	9						
						7	3	9	2	5	8	1	6	4						
						8	1	5	6	3	4	9	7	2						
						6	2	4	7	1	9	8	5	3						
2	7	4	6	8	1	9	5	3	1	8	2	7	4	6	8	9	2	5	1	3
6	5	1	2	9	3	4	8	7	3	6	5	2	9	1	3	7	5	4	6	8
8	3	9	5	7	4	1	6	2	9	4	7	3	8	5	4	1	6	9	2	7
5	8	7	4	1	2	3	9	6	8	1	4	5	7	2	6	8	1	3	4	9
3	9	2	8	5	6	7	4	1	2	5	6	9	3	8	7	2	4	6	5	1
1	4	6	9	3	7	5	2	8	7	9	3	1	6	4	9	5	3	7	8	2
7	2	5	1	4	8	6	3	9	4	2	1	8	5	7	2	4	9	1	3	6
4	6	3	7	2	9	8	1	5	6	7	9	4	2	3	1	6	7	8	9	5
9	1	8	3	6	5	2	7	4	5	3	8	6	1	9	5	3	8	2	7	4
						7	5	8	3	6	2	1	9	4						
						4	6	2	9	1	5	7	3	8						
						1	9	3	7	8	4	2	6	5						
						3	2	7	8	5	6	9	4	1						
						9	8	1	2	4	3	5	7	6						
						5	4	6	1	9	7	3	8	2						

84

						7	8	5	4	2	6	1	3	9						
						3	6	2	1	9	8	7	4	5						
						4	9	1	3	5	7	8	2	6						
						8	5	3	6	1	2	4	9	7						
						6	2	4	7	8	9	3	5	1						
						9	1	7	5	3	4	6	8	2						
7	8	3	1	2	9	5	4	6	2	7	3	9	1	8	4	3	7	2	5	6
2	4	9	6	7	5	1	3	8	9	6	5	2	7	4	5	6	9	3	8	1
1	6	5	4	8	3	2	7	9	8	4	1	5	6	3	8	1	2	4	7	9
9	1	6	7	5	8	3	2	4	7	1	6	8	9	5	3	7	4	6	1	2
5	7	2	9	3	4	6	8	1	3	5	9	4	2	7	6	9	1	5	3	8
4	3	8	2	1	6	9	5	7	4	8	2	1	3	6	2	5	8	9	4	7
8	9	7	5	6	2	4	1	3	5	9	7	6	8	2	1	4	5	7	9	3
6	5	1	3	4	7	8	9	2	6	3	4	7	5	1	9	2	3	8	6	4
3	2	4	8	9	1	7	6	5	1	2	8	3	4	9	7	8	6	1	2	5
						6	5	4	7	8	9	1	2	3						
						2	8	9	3	5	1	4	6	7						
						1	3	7	2	4	6	8	9	5						
						5	4	1	8	7	2	9	3	6						
						9	2	6	4	1	3	5	7	8						
						3	7	8	9	6	5	2	1	4						

85

						4	2	5	3	8	7	6	9	1						
						3	9	1	5	2	6	4	7	8						
						8	7	6	1	4	9	3	5	2						
						6	4	7	2	9	5	1	8	3						
						5	1	8	4	6	3	7	2	9						
						2	3	9	8	7	1	5	6	4						
9	6	1	8	4	2	7	5	3	9	1	2	8	4	6	2	7	3	1	5	9
3	4	7	5	9	6	1	8	2	6	5	4	9	3	7	8	5	1	2	4	6
5	8	2	1	7	3	9	6	4	7	3	8	2	1	5	4	6	9	7	3	8
4	1	6	3	5	9	2	7	8	3	9	6	1	5	4	6	8	2	3	9	7
8	5	9	2	6	7	3	4	1	5	2	7	6	8	9	7	3	4	5	1	2
2	7	3	4	1	8	5	9	6	8	4	1	7	2	3	9	1	5	6	8	4
1	2	4	9	8	5	6	3	7	2	8	5	4	9	1	5	2	6	8	7	3
6	3	5	7	2	4	8	1	9	4	6	3	5	7	2	3	9	8	4	6	1
7	9	8	6	3	1	4	2	5	1	7	9	3	6	8	1	4	7	9	2	5
						3	6	8	9	1	4	7	2	5						
						1	9	4	7	5	2	8	3	6						
						5	7	2	8	3	6	9	1	4						
						7	5	3	6	4	1	2	8	9						
						2	4	6	3	9	8	1	5	7						
						9	8	1	5	2	7	6	4	3						

86

4	8	3	9	6	1	2	5	7				7	5	8	2	6	3	9	4	1
7	2	5	3	8	4	9	6	1				3	9	2	5	1	4	7	6	8
9	6	1	2	7	5	4	3	8				6	1	4	8	7	9	5	3	2
6	1	7	4	2	3	5	8	9				5	2	3	1	4	8	6	7	9
8	5	4	7	1	9	3	2	6				4	7	1	9	2	6	8	5	3
3	9	2	6	5	8	7	1	4				9	8	6	7	3	5	2	1	4
5	7	6	1	4	2	8	9	3	1	5	4	2	6	7	4	9	1	3	8	5
2	4	9	8	3	6	1	7	5	2	3	6	8	4	9	3	5	7	1	2	6
1	3	8	5	9	7	6	4	2	8	7	9	1	3	5	6	8	2	4	9	7
						4	5	6	9	1	2	3	7	8						
						2	3	1	6	8	7	9	5	4						
						7	8	9	5	4	3	6	2	1						
3	8	2	1	5	7	9	6	4	7	2	1	5	8	3	1	7	4	9	2	6
6	9	1	8	3	4	5	2	7	3	9	8	4	1	6	9	2	3	8	5	7
4	5	7	2	6	9	3	1	8	4	6	5	7	9	2	8	6	5	1	4	3
1	6	8	4	7	3	2	5	9				8	4	7	6	1	2	3	9	5
7	4	9	5	2	1	8	3	6				9	3	5	7	4	8	2	6	1
2	3	5	6	9	8	4	7	1				2	6	1	3	5	9	4	7	8
9	7	6	3	8	5	1	4	2				3	5	4	2	8	7	6	1	9
8	1	3	7	4	2	6	9	5				1	7	8	4	9	6	5	3	2
5	2	4	9	1	6	7	8	3				6	2	9	5	3	1	7	8	4

87

3	6	1	7	4	8	9	2	5				1	7	9	3	8	4	2	6	5
9	7	8	3	5	2	4	6	1				4	3	6	9	2	5	1	7	8
4	2	5	6	9	1	8	7	3				8	2	5	1	7	6	4	3	9
6	1	3	8	2	9	5	4	7				9	4	2	5	6	3	8	1	7
5	4	2	1	7	3	6	9	8				5	8	7	4	1	2	6	9	3
7	8	9	5	6	4	1	3	2				3	6	1	8	9	7	5	4	2
2	3	6	4	8	5	7	1	9	6	3	8	2	5	4	7	3	1	9	8	6
8	9	4	2	1	7	3	5	6	9	4	2	7	1	8	6	5	9	3	2	4
1	5	7	9	3	6	2	8	4	1	7	5	6	9	3	2	4	8	7	5	1
						9	3	1	7	8	4	5	2	6						
						5	7	2	3	6	9	8	4	1						
						4	6	8	5	2	1	9	3	7						
5	4	7	2	6	8	1	9	3	8	5	7	4	6	2	5	9	8	7	3	1
2	6	9	7	1	3	8	4	5	2	1	6	3	7	9	1	2	6	4	5	8
3	8	1	9	5	4	6	2	7	4	9	3	1	8	5	4	7	3	2	6	9
9	2	6	1	4	5	3	7	8				2	1	8	7	4	5	3	9	6
4	1	3	8	7	2	5	6	9				7	3	6	2	8	9	1	4	5
7	5	8	3	9	6	2	1	4				5	9	4	3	6	1	8	7	2
1	3	4	6	8	7	9	5	2				9	2	1	6	3	7	5	8	4
6	7	2	5	3	9	4	8	1				6	4	3	8	5	2	9	1	7
8	9	5	4	2	1	7	3	6				8	5	7	9	1	4	6	2	3

88

1	9	2	3	6	5	7	8	4				5	7	9	8	4	1	6	3	2
6	4	8	2	7	9	5	3	1				6	8	1	9	2	3	4	5	7
3	5	7	8	4	1	6	9	2				4	3	2	6	7	5	8	9	1
5	2	1	4	8	7	3	6	9				7	4	5	2	1	8	3	6	9
7	6	3	9	1	2	4	5	8				9	2	3	4	6	7	5	1	8
9	8	4	5	3	6	1	2	7				1	6	8	3	5	9	2	7	4
8	1	6	7	9	3	2	4	5	9	7	3	8	1	6	7	3	4	9	2	5
2	7	9	6	5	4	8	1	3	5	6	4	2	9	7	5	8	6	1	4	3
4	3	5	1	2	8	9	7	6	2	8	1	3	5	4	1	9	2	7	8	6
						7	6	9	4	3	2	1	8	5						
						3	8	4	1	5	7	6	2	9						
						1	5	2	8	9	6	4	7	3						
1	4	7	3	5	2	6	9	8	3	1	5	7	4	2	3	1	6	9	8	5
9	3	6	8	1	4	5	2	7	6	4	8	9	3	1	5	4	8	7	2	6
5	2	8	7	6	9	4	3	1	7	2	9	5	6	8	9	7	2	3	4	1
2	8	5	6	4	3	7	1	9				8	9	4	1	6	5	2	3	7
3	6	1	9	7	5	8	4	2				3	2	6	7	8	9	1	5	4
7	9	4	2	8	1	3	5	6				1	5	7	4	2	3	6	9	8
6	1	9	4	3	7	2	8	5				6	7	5	2	3	4	8	1	9
4	7	2	5	9	8	1	6	3				4	1	3	8	9	7	5	6	2
8	5	3	1	2	6	9	7	4				2	8	9	6	5	1	4	7	3

89

3	8	7	5	9	1	4	2	6				3	9	5	7	2	1	6	4	8
2	9	1	4	6	8	7	3	5				7	8	2	9	6	4	1	3	5
5	6	4	2	3	7	1	9	8				6	4	1	5	8	3	7	2	9
9	1	2	7	5	6	8	4	3				8	5	7	3	1	6	4	9	2
8	7	3	9	4	2	5	6	1				2	1	6	4	9	8	5	7	3
6	4	5	8	1	3	9	7	2				9	3	4	2	7	5	8	6	1
1	5	6	3	7	4	2	8	9	1	4	6	5	7	3	8	4	2	9	1	6
4	2	9	6	8	5	3	1	7	2	5	9	4	6	8	1	3	9	2	5	7
7	3	8	1	2	9	6	5	4	7	3	8	1	2	9	6	5	7	3	8	4
						9	3	1	6	2	4	7	8	5						
						8	4	2	5	7	1	3	9	6						
						5	7	6	8	9	3	2	1	4						
6	7	4	3	8	2	1	9	5	4	8	2	6	3	7	2	5	9	8	4	1
5	2	3	1	7	9	4	6	8	3	1	7	9	5	2	1	8	4	7	6	3
9	8	1	6	4	5	7	2	3	9	6	5	8	4	1	3	7	6	9	5	2
2	1	8	7	5	4	6	3	9				1	2	8	6	3	7	4	9	5
4	6	9	8	2	3	5	1	7				3	7	6	4	9	5	1	2	8
3	5	7	9	1	6	2	8	4				4	9	5	8	1	2	6	3	7
1	9	5	4	6	8	3	7	2				7	6	4	5	2	8	3	1	9
8	4	6	2	3	7	9	5	1				5	1	9	7	4	3	2	8	6
7	3	2	5	9	1	8	4	6				2	8	3	9	6	1	5	7	4

90

8	3	1	5	9	6	2	7	4				6	1	9	2	7	8	4	5	3
9	7	5	4	8	2	6	1	3				2	3	8	1	4	5	6	9	7
6	4	2	3	7	1	9	5	8				5	7	4	3	9	6	8	2	1
4	6	7	1	3	8	5	2	9				3	8	6	4	5	2	7	1	9
1	8	9	2	6	5	4	3	7				1	4	5	9	6	7	2	3	8
2	5	3	9	4	7	8	6	1				9	2	7	8	3	1	5	6	4
7	9	6	8	5	3	1	4	2	6	7	9	8	5	3	6	1	4	9	7	2
5	1	4	7	2	9	3	8	6	1	5	4	7	9	2	5	8	3	1	4	6
3	2	8	6	1	4	7	9	5	3	2	8	4	6	1	7	2	9	3	8	5
						9	6	4	2	8	5	3	1	7						
						8	1	7	9	3	6	2	4	5						
						2	5	3	4	1	7	9	8	6						
4	5	1	8	3	7	6	2	9	7	4	1	5	3	8	7	6	4	2	1	9
8	6	7	4	2	9	5	3	1	8	9	2	6	7	4	2	1	9	8	5	3
2	9	3	6	5	1	4	7	8	5	6	3	1	2	9	8	3	5	4	6	7
5	7	8	3	6	2	9	1	4				3	1	5	9	7	8	6	4	2
1	3	4	7	9	8	2	5	6				9	8	7	6	4	2	5	3	1
6	2	9	1	4	5	7	8	3				4	6	2	3	5	1	9	7	8
9	1	6	2	7	3	8	4	5				7	9	1	5	8	6	3	2	4
3	4	2	5	8	6	1	9	7				2	4	6	1	9	3	7	8	5
7	8	5	9	1	4	3	6	2				8	5	3	4	2	7	1	9	6

91

6	3	2	1	7	8	5	9	4				8	3	1	7	6	9	4	2	5
9	7	4	2	5	6	8	3	1				6	7	4	5	2	8	3	1	9
1	8	5	9	3	4	6	7	2				9	5	2	1	3	4	7	8	6
4	6	7	5	9	1	3	2	8				7	8	5	2	9	3	6	4	1
2	9	1	6	8	3	7	4	5				3	4	9	6	5	1	8	7	2
8	5	3	7	4	2	1	6	9				2	1	6	4	8	7	5	9	3
5	4	9	8	6	7	2	1	3	4	9	7	5	6	8	9	7	2	1	3	4
7	1	8	3	2	9	4	5	6	8	3	2	1	9	7	3	4	6	2	5	8
3	2	6	4	1	5	9	8	7	1	5	6	4	2	3	8	1	5	9	6	7
						6	4	8	7	1	9	3	5	2						
						5	7	2	3	6	8	9	1	4						
						1	3	9	5	2	4	8	7	6						
5	8	2	7	4	9	3	6	1	2	4	5	7	8	9	2	5	6	4	1	3
6	3	4	2	8	1	7	9	5	6	8	3	2	4	1	8	3	9	5	7	6
1	9	7	6	3	5	8	2	4	9	7	1	6	3	5	7	4	1	9	2	8
4	5	6	3	1	7	9	8	2				4	9	2	6	8	3	1	5	7
3	7	8	5	9	2	1	4	6				5	6	8	1	2	7	3	9	4
9	2	1	4	6	8	5	3	7				3	1	7	5	9	4	6	8	2
2	1	3	8	5	4	6	7	9				8	2	4	9	6	5	7	3	1
8	4	5	9	7	6	2	1	3				9	7	3	4	1	8	2	6	5
7	6	9	1	2	3	4	5	8				1	5	6	3	7	2	8	4	9

92

8	7	4	3	1	2	5	6	9				2	4	6	8	9	3	7	1	5
2	9	1	6	5	7	3	4	8				3	8	5	6	1	7	9	2	4
5	3	6	9	8	4	7	1	2				9	1	7	5	2	4	3	6	8
1	8	7	5	9	3	4	2	6				6	9	3	4	5	2	8	7	1
4	5	9	2	6	1	8	7	3				7	2	8	1	3	9	4	5	6
6	2	3	4	7	8	1	9	5				1	5	4	7	8	6	2	3	9
9	6	8	7	4	5	2	3	1	5	6	8	4	7	9	3	6	5	1	8	2
3	4	5	1	2	9	6	8	7	9	2	4	5	3	1	2	4	8	6	9	7
7	1	2	8	3	6	9	5	4	1	3	7	8	6	2	9	7	1	5	4	3
						5	2	8	6	7	1	3	9	4						
						7	4	3	8	9	5	2	1	6						
						1	6	9	2	4	3	7	5	8						
7	2	5	8	4	9	3	1	6	7	8	2	9	4	5	2	8	3	7	1	6
1	8	3	6	7	5	4	9	2	3	5	6	1	8	7	5	6	4	2	9	3
4	6	9	3	1	2	8	7	5	4	1	9	6	2	3	9	7	1	5	8	4
8	9	4	5	6	3	7	2	1				3	5	6	8	1	7	4	2	9
6	7	1	2	9	4	5	3	8				2	9	8	4	5	6	1	3	7
3	5	2	7	8	1	6	4	9				4	7	1	3	9	2	8	6	5
9	3	7	1	5	6	2	8	4				5	1	4	6	2	9	3	7	8
2	4	6	9	3	8	1	5	7				8	6	2	7	3	5	9	4	1
5	1	8	4	2	7	9	6	3				7	3	9	1	4	8	6	5	2

93

4	6	7	2	5	8	1	9	3				2	6	7	4	3	8	5	1	9
2	8	1	6	9	3	7	4	5				5	4	3	1	9	2	7	6	8
5	3	9	4	1	7	8	2	6				1	9	8	6	5	7	4	3	2
9	2	4	5	3	1	6	8	7				3	2	5	7	1	6	8	9	4
8	5	3	7	6	4	2	1	9				6	8	4	5	2	9	3	7	1
7	1	6	9	8	2	3	5	4				9	7	1	3	8	4	2	5	6
6	9	2	8	7	5	4	3	1	9	7	6	8	5	2	9	6	3	1	4	7
1	7	8	3	4	9	5	6	2	4	3	8	7	1	9	8	4	5	6	2	3
3	4	5	1	2	6	9	7	8	1	2	5	4	3	6	2	7	1	9	8	5
						8	5	6	2	1	4	9	7	3						
						7	1	3	8	6	9	5	2	4						
						2	4	9	3	5	7	1	6	8						
3	1	8	5	2	4	6	9	7	5	8	2	3	4	1	5	8	2	9	7	6
6	9	5	3	7	8	1	2	4	7	9	3	6	8	5	7	9	4	3	2	1
2	4	7	9	1	6	3	8	5	6	4	1	2	9	7	1	3	6	5	4	8
9	7	4	2	6	3	5	1	8				1	3	6	8	2	9	4	5	7
5	8	2	7	4	1	9	6	3				8	5	2	3	4	7	1	6	9
1	3	6	8	5	9	4	7	2				9	7	4	6	1	5	2	8	3
7	6	1	4	3	2	8	5	9				5	1	3	2	7	8	6	9	4
4	5	9	1	8	7	2	3	6				7	2	9	4	6	3	8	1	5
8	2	3	6	9	5	7	4	1				4	6	8	9	5	1	7	3	2

94

4	3	5	9	8	6	1	2	7				6	8	4	1	7	2	9	5	3
7	9	1	5	2	4	3	6	8				7	2	9	5	3	6	4	8	1
6	8	2	7	1	3	9	4	5				3	1	5	4	9	8	2	7	6
2	1	7	6	3	8	4	5	9				5	9	6	2	8	3	7	1	4
8	5	6	2	4	9	7	3	1				8	4	3	7	6	1	5	9	2
3	4	9	1	5	7	2	8	6				1	7	2	9	4	5	3	6	8
9	7	3	8	6	2	5	1	4	8	9	6	2	3	7	8	1	9	6	4	5
5	6	4	3	9	1	8	7	2	3	4	5	9	6	1	3	5	4	8	2	7
1	2	8	4	7	5	6	9	3	2	7	1	4	5	8	6	2	7	1	3	9
						2	4	6	7	5	8	1	9	3						
						7	8	5	1	3	9	6	2	4						
						9	3	1	6	2	4	7	8	5						
8	4	6	7	5	1	3	2	9	5	1	7	8	4	6	1	7	2	3	9	5
1	9	5	2	3	8	4	6	7	9	8	3	5	1	2	6	3	9	4	8	7
2	7	3	4	9	6	1	5	8	4	6	2	3	7	9	4	5	8	2	6	1
6	5	7	3	1	9	8	4	2				6	3	1	5	8	4	7	2	9
3	1	8	6	4	2	7	9	5				7	2	8	3	9	6	1	5	4
4	2	9	5	8	7	6	3	1				4	9	5	7	2	1	8	3	6
7	8	4	9	6	5	2	1	3				9	6	3	8	4	7	5	1	2
5	6	2	1	7	3	9	8	4				1	5	7	2	6	3	9	4	8
9	3	1	8	2	4	5	7	6				2	8	4	9	1	5	6	7	3

95

8	3	6	5	9	2	7	4	1				4	9	7	6	3	1	8	5	2
9	7	2	3	4	1	8	6	5				3	6	8	2	5	4	7	9	1
5	4	1	8	7	6	3	2	9				2	1	5	9	8	7	3	4	6
7	5	4	9	8	3	2	1	6				9	2	6	5	4	3	1	7	8
2	1	3	7	6	5	9	8	4				1	5	3	8	7	2	4	6	9
6	9	8	1	2	4	5	7	3				7	8	4	1	6	9	2	3	5
4	6	9	2	5	7	1	3	8	5	9	4	6	7	2	4	1	5	9	8	3
3	2	5	4	1	8	6	9	7	8	2	3	5	4	1	3	9	8	6	2	7
1	8	7	6	3	9	4	5	2	6	7	1	8	3	9	7	2	6	5	1	4
						8	6	9	2	3	5	4	1	7						
						7	2	1	9	4	8	3	5	6						
						5	4	3	7	1	6	2	9	8						
6	8	4	1	2	3	9	7	5	3	6	2	1	8	4	9	2	5	7	6	3
1	3	7	9	6	5	2	8	4	1	5	7	9	6	3	4	1	7	8	5	2
2	5	9	7	8	4	3	1	6	4	8	9	7	2	5	3	6	8	9	4	1
7	9	8	2	4	6	5	3	1				4	7	2	6	5	3	1	9	8
4	2	1	5	3	7	6	9	8				5	9	6	7	8	1	3	2	4
5	6	3	8	1	9	7	4	2				3	1	8	2	4	9	5	7	6
9	7	6	4	5	1	8	2	3				6	3	1	5	7	4	2	8	9
8	1	5	3	9	2	4	6	7				2	5	9	8	3	6	4	1	7
3	4	2	6	7	8	1	5	9				8	4	7	1	9	2	6	3	5

96

9	2	7	3	6	8	1	5	4				9	2	7	3	6	4	1	8	5
5	6	4	1	2	9	7	3	8				8	5	4	9	1	2	3	7	6
3	1	8	4	7	5	6	2	9				3	6	1	8	7	5	2	4	9
8	3	6	2	5	1	4	9	7				6	7	3	5	9	8	4	2	1
1	4	2	7	9	3	5	8	6				2	4	9	6	3	1	7	5	8
7	9	5	8	4	6	2	1	3				1	8	5	4	2	7	9	6	3
4	7	9	5	3	2	8	6	1	7	4	9	5	3	2	1	4	6	8	9	7
2	8	3	6	1	4	9	7	5	3	6	2	4	1	8	7	5	9	6	3	2
6	5	1	9	8	7	3	4	2	1	8	5	7	9	6	2	8	3	5	1	4
						4	2	7	5	1	8	3	6	9						
						5	9	3	6	2	7	8	4	1						
						1	8	6	4	9	3	2	5	7						
8	5	7	6	3	9	2	1	4	8	5	6	9	7	3	8	1	5	4	6	2
4	9	2	1	7	5	6	3	8	9	7	4	1	2	5	9	4	6	8	3	7
1	6	3	2	4	8	7	5	9	2	3	1	6	8	4	7	2	3	1	5	9
7	2	5	3	8	6	9	4	1				4	5	2	1	6	8	9	7	3
9	8	1	4	2	7	3	6	5				3	9	8	5	7	4	6	2	1
3	4	6	5	9	1	8	7	2				7	1	6	3	9	2	5	8	4
5	3	4	9	6	2	1	8	7				5	3	1	4	8	7	2	9	6
2	1	8	7	5	3	4	9	6				2	4	7	6	5	9	3	1	8
6	7	9	8	1	4	5	2	3				8	6	9	2	3	1	7	4	5

97

8	5	9	1	2	6	7	3	4				5	3	1	7	9	8	4	6	2
7	3	6	8	4	5	2	9	1				4	8	2	6	3	5	1	9	7
2	1	4	7	9	3	5	8	6				9	7	6	2	4	1	5	8	3
6	2	3	9	7	4	8	1	5				2	6	9	8	1	7	3	5	4
4	9	1	3	5	8	6	2	7				1	5	8	3	6	4	7	2	9
5	7	8	2	6	1	9	4	3				3	4	7	9	5	2	6	1	8
1	8	2	6	3	7	4	5	9	7	6	2	8	1	3	5	7	9	2	4	6
9	6	5	4	1	2	3	7	8	5	1	9	6	2	4	1	8	3	9	7	5
3	4	7	5	8	9	1	6	2	8	3	4	7	9	5	4	2	6	8	3	1
						7	1	4	3	2	8	9	5	6						
						5	8	3	4	9	6	1	7	2						
						9	2	6	1	5	7	3	4	8						
2	6	5	9	7	4	8	3	1	2	7	5	4	6	9	1	8	7	2	3	5
9	8	7	3	2	1	6	4	5	9	8	1	2	3	7	5	6	9	8	4	1
3	4	1	6	5	8	2	9	7	6	4	3	5	8	1	3	4	2	9	6	7
6	3	8	7	9	2	5	1	4				6	1	8	7	2	4	5	9	3
5	7	2	1	4	6	9	8	3				9	7	4	8	5	3	1	2	6
1	9	4	5	8	3	7	2	6				3	5	2	9	1	6	7	8	4
4	5	9	8	1	7	3	6	2				8	4	6	2	7	5	3	1	9
7	2	6	4	3	9	1	5	8				7	2	3	6	9	1	4	5	8
8	1	3	2	6	5	4	7	9				1	9	5	4	3	8	6	7	2

98

						9	6	1	4	5	8	7	3	2						
						4	7	2	1	3	9	8	6	5						
						8	3	5	6	7	2	9	4	1						
						2	9	7	5	1	4	3	8	6						
						3	4	8	7	2	6	1	5	9						
						1	5	6	8	9	3	4	2	7						
9	2	4	7	8	5	6	1	3	2	8	7	5	9	4	8	6	3	7	1	2
3	1	5	2	9	6	7	8	4	9	6	5	2	1	3	4	5	7	9	6	8
7	6	8	4	3	1	5	2	9	3	4	1	6	7	8	2	1	9	5	3	4
6	4	2	8	5	7	9	3	1	4	5	6	7	8	2	6	3	1	4	5	9
8	5	9	1	4	3	2	6	7	1	9	8	3	4	5	7	9	2	6	8	1
1	7	3	9	6	2	4	5	8	7	2	3	1	6	9	5	4	8	3	2	7
4	9	6	3	2	8	1	7	5	8	3	4	9	2	6	1	7	5	8	4	3
2	3	7	5	1	4	8	9	6	5	7	2	4	3	1	9	8	6	2	7	5
5	8	1	6	7	9	3	4	2	6	1	9	8	5	7	3	2	4	1	9	6
						4	6	9	2	8	3	7	1	5						
						2	5	8	1	9	7	6	4	3						
						7	1	3	4	5	6	2	8	9						
						9	3	4	7	2	1	5	6	8						
						5	2	7	3	6	8	1	9	4						
						6	8	1	9	4	5	3	7	2						

99

						1	4	2	8	7	5	9	3	6						
						8	3	5	6	2	9	7	1	4						
						7	6	9	3	1	4	2	5	8						
						5	9	4	2	6	1	3	8	7						
						3	7	6	4	9	8	5	2	1						
						2	8	1	7	5	3	4	6	9						
2	4	8	7	5	9	6	1	3	9	4	2	8	7	5	3	4	6	9	2	1
9	6	7	2	1	3	4	5	8	1	3	7	6	9	2	8	1	5	7	3	4
5	1	3	6	8	4	9	2	7	5	8	6	1	4	3	2	9	7	5	6	8
8	2	9	5	4	1	7	3	6	4	5	1	9	2	8	7	6	3	4	1	5
3	5	4	9	6	7	2	8	1	6	9	3	7	5	4	9	2	1	6	8	3
6	7	1	8	3	2	5	9	4	2	7	8	3	6	1	4	5	8	2	7	9
7	9	6	1	2	8	3	4	5	7	1	9	2	8	6	5	3	4	1	9	7
1	3	2	4	7	5	8	6	9	3	2	5	4	1	7	6	8	9	3	5	2
4	8	5	3	9	6	1	7	2	8	6	4	5	3	9	1	7	2	8	4	6
						4	8	1	6	5	3	7	9	2						
						2	3	7	4	9	1	6	5	8						
						5	9	6	2	7	8	3	4	1						
						7	1	4	5	8	2	9	6	3						
						9	2	3	1	4	6	8	7	5						
						6	5	8	9	3	7	1	2	4						

Samurai Su Doku

100

						8	6	5	2	9	4	3	1	7						
						1	4	9	3	7	6	2	5	8						
						3	2	7	1	5	8	6	9	4						
						7	1	8	4	3	9	5	2	6						
						9	5	6	7	2	1	4	8	3						
						4	3	2	8	6	5	9	7	1						
3	6	4	9	2	7	5	8	1	9	4	3	7	6	2	3	1	8	4	9	5
8	9	2	1	5	4	6	7	3	5	1	2	8	4	9	5	2	7	3	1	6
7	1	5	6	8	3	2	9	4	6	8	7	1	3	5	9	4	6	7	8	2
4	3	1	7	6	8	9	5	2	4	6	8	3	7	1	8	6	2	9	5	4
2	7	6	4	9	5	1	3	8	7	9	5	6	2	4	7	5	9	8	3	1
5	8	9	3	1	2	4	6	7	3	2	1	9	5	8	4	3	1	2	6	7
9	4	8	2	3	6	7	1	5	8	3	4	2	9	6	1	7	3	5	4	8
1	2	3	5	7	9	8	4	6	2	7	9	5	1	3	2	8	4	6	7	9
6	5	7	8	4	1	3	2	9	1	5	6	4	8	7	6	9	5	1	2	3
						2	9	4	7	1	5	6	3	8						
						5	6	7	3	4	8	1	2	9						
						1	8	3	9	6	2	7	4	5						
						6	5	8	4	9	1	3	7	2						
						4	7	2	6	8	3	9	5	1						
						9	3	1	5	2	7	8	6	4						

Notes